T0216328

Partikelemissionskonzept und probabilistische Betrachtung der Entwicklung von Infektionen in Systemen

Marcus Hellwig

Partikelemissionskonzept und probabilistische Betrachtung der Entwicklung von Infektionen in Systemen

Dynamik von Logarithmus und Exponent im Infektionsprozess, Perkolationseffekte

 Springer Vieweg

Marcus Hellwig
Lautertal, Deutschland

ISBN 978-3-658-33156-6   ISBN 978-3-658-33157-3   (eBook)
https://doi.org/10.1007/978-3-658-33157-3

Die Deutsche Nationalbibliothek verzeichnet diese Publikation in der Deutschen Nationalbibliografie; detaillierte bibliografische Daten sind im Internet über http://dnb.d-nb.de abrufbar.

Planung/Lektorat: Reinhard Dapper
Springer Vieweg ist ein Imprint der eingetragenen Gesellschaft Springer Fachmedien Wiesbaden GmbH und ist ein Teil von Springer Nature.
Die Anschrift der Gesellschaft ist: Abraham-Lincoln-Str. 46, 65189 Wiesbaden, Germany

Was Sie in diesem Buch finden können

Ansprüche

- Es reicht nicht aus, die Ausbreitung der Infektion nur exponentiell zu berücksichtigen (Partikelemissionskonzept).
- Aufgrund dieser Tatsache wird die Grundlage für die Versickerung angegeben, die eine Verfolgung einer Person mit genau einem Kontakt ausschließt.
- Aufgrund der Dynamik der genannten Sätze können Vorhersagen nur probabilistisch betrachtet werden.
- Es gibt eine Überlegung, die auf der täglichen Anzahl der Fälle basiert – zumindest eine Zahl vorschlägt, die sich auf die Gruppengröße bezieht, die als Quelle einer Infektion angesehen werden kann.
- Es ist möglich, eine probabilistische Vorschau zu erstellen, die den mittleren n-Tage-Logarithmus der Fallzahlen in der Vergangenheit verwendet, um einen Exponenten für eine Wahrscheinlichkeitsdichte für eine Vorschau zu bestimmen.
- Aus den oben genannten Überlegungen kann abgeleitet werden, inwieweit die Prognosen für die
- Die Entwicklung von Infektionen und die Folgen für die Belastung der klinischen Kapazitäten (Personal, Ausrüstung ...) können anhalten.

Verzichtserklärung

Aufgrund der Dringlichkeit einer baldigen Veröffentlichung verzichtet der Autor auf sein Anliegen die Arbeit als Promotionsverfahren anzumelden und einzureichen.

Vorwort

Lebewesen sind an die begrenzte Verfügbarkeit von Energie auf dem Planeten gebunden, auf dem sie leben. Sie brauchen sie einerseits für Ihr eigenes Leben, andererseits für die Fortführung der Arten, von denen sie stammen. Der Mensch als einer von ihnen hat mit seinen Forderungen nach Verfügbarkeit von Energie in Gebiete vorgedrungen, aus denen er die Fortführung der Art sowie deren Wachstum sicherstellt. Die Ergebnisse der Vergangenheit zeigen jedoch, dass uneingeschränktes Wachstum an seine Grenzen stößt, wenn Mäßigung – unter Berücksichtigung des Energiebedarfs anderer Lebewesen – nicht durchgeführt wird. In diesem Akt der Unermüdlichkeit entstehen Konflikte – einerseits durch Belästigung von Lebewesen der eigenen Spezies, andererseits durch unachtsames Verhalten beim Eindringen in Lebensbereiche anderer Spezies. Andere Gattungen leben in Gemeinschaften, deren Teilnehmer sich über einen langen Zeitraum unter definierten Bevölkerungsgrenzen gemeinsam in Lebensbereichen entwickeln. Dies schließt alle Teilnehmer an einer Symbiose ein, einschließlich derer, die durch alle Möglichkeiten und Zufälle nach außen transportiert wurden. Zu diesen Wohnorten der Gemeinschaften gehört unter anderem der Organismus jedes Säugetiers – einschließlich des Menschen – einschließlich aller darin lebenden Organismen wie Bakterienstämme, die beispielsweise für die Verdauung unverzichtbar sind. In dieser Gemeinschaft besteht Einigkeit über Aufgabe und Wirkung, ihre Vor- und Nachteile, und ihr Gleichgewicht sollte ungestört bleiben. Nicht so beim Eindringen eines Fremden, dessen Verhalten unbekannt und manchmal schädlich für die Gemeinschaft sein kann. In diesem Fall sind Symbiosen mit Erkennungsmechanismen ausgestattet, die, wenn möglich, Fremdes zu erkennen und möglicherweise unschädlich zu machen. Nicht alle Mechanismen sind dazu in der Lage und ermöglichen es daher nicht erkannten Personen, in den zu schützenden Bereich einzudringen, mit der Folge, dass unbekannte Zeiträume unbekannte Schäden verursachen können, ohne selbst Schaden zu erleiden. Dies schließt Viren sowohl aus der Biosphäre als auch aus der digitalen Sphäre ein. Die Analyse der vergangenen Ereignisse der Viruspandemie wird Teil der folgenden Arbeit sein. Sie spiegelt sich in der Darstellung des Partikelemissionskonzepts und der Anwendung von Prognosen über die Häufigkeit von Populationen und deren theoretische Entwicklung wider, die über eine Wahrscheinlichkeitsfunktion betrachtet werden.

Marcus Hellwig

Danksagung

Hiermit danke ich Herrn Edward Brown
United States Department of Health and Human Services
Department
Health Resources and Services Administration
herzlichst für seine Beiträge, im Speziellen der Beitrag zu:

- Mögliche Auswirkungen auf das Gesundheitswesen und die epidemiologische Modellierung, Kritiken und Anregungen als auch für die Überprüfung der Version in englischer Sprache.

Diese Arbeit wurde erstellt mit der exzellenten Software Microsoft Office, die Übersetzungen in die englische Sprache erfolgte hauptsächlich durch dem Google – Übersetzer mit nachfolgenden Feinkorrekturen.

Inhaltsverzeichnis

Anlass

Das Auftreten von Ereignissen, die sich gegenseitig beeinflussen, ist Gegenstand dieser Ausarbeitung. Menschen, die an diesen Ereignissen beteiligt sind, sind oft erstaunt über die Häufigkeit, mit der sie auftreten. Man spricht gerne vom Zufall, um so etwas als „schicksalhaft" zu bezeichnen.

Diese Arten von Ereignissen können bei der Formulierung einer Prognose quantifiziert werden.

Diese Ereignisse umfassen sowohl „glücklich" und „unglücklich" als auch jede „Färbung" zwischen den beiden, wenn man sie unter dem Deckmantel des Schicksals verstecken will.

Die Auswirkungen, die die Beteiligten aufeinander haben, sind entscheidend für den Ausgang der Ereignisse.

In diesem wesentlichen Beispiel sind Beispiele aufgeführt, die mehr oder weniger „starke" gegenseitige Auswirkungen haben und welche Auswirkungen diese auf die numerische Entwicklung derselben haben.

Diese Ausarbeitung ist ein Beitrag zur Entwicklung der Ausbreitung von Epidemien; Dies schließt die folgenden Grundannahmen und Befunde ein, die jede Art von Epidemie einer gemeinsamen systemischen Sichtweise zuschreiben.

© Der/die Autor(en), exklusiv lizenziert durch Springer Fachmedien Wiesbaden GmbH, ein Teil von Springer Nature 2021
M. Hellwig, *Partikelemissionskonzept und probabilistische Betrachtung der Entwicklung von Infektionen in Systemen*,
https://doi.org/10.1007/978-3-658-33157-3_1

Systemische Epidemien

2

Ziel ist es, die Wirksamkeit eines Epidemiesystems und die Möglichkeit der Vorausschau mit statistisch-probabilistischen Methoden zu erkennen. Hierzu müssen die systemischen Bedingungen geklärt werden.

© Der/die Autor(en), exklusiv lizenziert durch Springer Fachmedien
Wiesbaden GmbH, ein Teil von Springer Nature 2021
M. Hellwig, *Partikelemissionskonzept und probabilistische Betrachtung der
Entwicklung von Infektionen in Systemen*,
https://doi.org/10.1007/978-3-658-33157-3_2

Das Eintreten von Ereignissen   3

3.1 Ereignisse (E)

Es wird das „Eintreffen von Ereignissen" in dieser Abhandlung als ein Zeitabschnitt betrachtet in dem Ereignisse gemeinsam stattfinden, wenn auch möglicherweise innerhalb darin zeitlich versetzt.

Allen gemein ist aber die Feststellung, dass – mindestens 2 Objekte – an 1 Ereignis teilhaben. Dabei sind mit „Objekte" alle gemeint, welche tatsächlich, real an Ereignissen beteiligt sein können, die ursächlich Wirkungen hervorrufen können.

Für die Auswahl unserer möglichen gehen wir davon, dass jedes „Objekt" kontrolliert wird, d. h. das Objekt ist noch nicht infiziert und kann infiziert werden.

Dazu gehören – um sich zu gehören – gehören zwei Systembeteiligte, (Abb. 3.1)

- System in Bewegung
- System in Kontakt
- Systeminteraktion

3.2 Risiko und Chance (R, C)

Aber was macht das Besondere an Veranstaltungen?

Die Begriffe „Risiko und Chance" kommen ins Spiel, wenn ein Maß für die Wirkung definiert werden soll.

Mit anderen Worten, die Frage wird gestellt: „Was passiert, wenn …?"

© Der/die Autor(en), exklusiv lizenziert durch Springer Fachmedien Wiesbaden GmbH, ein Teil von Springer Nature 2021
M. Hellwig, *Partikelemissionskonzept und probabilistische Betrachtung der Entwicklung von Infektionen in Systemen*,
https://doi.org/10.1007/978-3-658-33157-3_3

Abb. 3.1
Systemteilnehmer

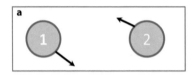
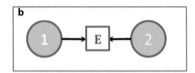

Abb. 3.2 A Teilnehmer ohne -, B – mit Teilnahme an mindestens einer Veranstaltung E

Es ist entscheidend, dass mindestens 2 Teilnehmer tatsächlich an 1 Veranstaltung E beteiligt sind (Abb. 3.2), damit tatsächlich ein Effekt auftreten kann.

Dann stellt sich die Frage, in welcher „Heftigkeit" fällt die Wirkung aus, die bekannter weise als das Risiko bezeichnet wird.

Oft wird einzig allen, das Risiko R von E beschrieben, aber auch die Chance C von E muss gleichberechtigt gewertet werden.

Definitionsgemäß werden beide Begriffe durch die Wahrscheinlichkeit ihres Auftretens P und dem Schaden S oder dem Gewinn G an einem gemeinsamen begleitet, (Abb. 3.3), die da sind:

$$R_E = S_E * P_E \tag{3.1}$$

$$C_E = C_E * P_E \tag{3.2}$$

Abb. 3.3 Risiko und Chance einer Veranstaltung für 2 Teilnehmer

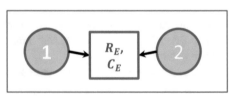

Werden Entscheidungen getroffen, wird zuvor abgewogen, welches Risiko oder/und welche Chance zu einem Fall betrachtet werden müssen. Das erfordert eine Gegenüberstellung der beiden Werte, aus der eine Empfehlung hervorgehen sollte, damit erfolgt die Betrachtung der Wechselwirkungen in Systemen.

Da es sich in dem Betrachtungsfall um risikobehaftete Ereignisse handelt wird die Betrachtung von Chancen im Sinne von vorteilhaften Ereignissen ausgeschlossen.

Wechselwirkungen

4

4.1 Gedankenskizze

Der folgende Formalismus wurde aus einer einfachen Gedankenskizze entwickelt, wie sie in Abb. 4.1 dargestellt ist. Es entstand aus der einfachen Frage: „Wie oft ertönt ein Glas, wenn zum Geburtstag angestoßen wird?".

4.2 Einmaliges Ereignis, das innerhalb eines gemeinsamen Zeitraums auftritt, die Infektion, beginnende Perkolation

Wurden bisher Ereignisse und deren Chancen und Risiken formal betrachtet, soll im weiteren beschrieben werden, was ein Ereignis für die Beteiligte, biologisch, informationstechnisch, daran wechselseitig bewirkt (Abb. 4.2).

- der Handschlag bewirkt die Infektion eines biologischenOrganismus über Hautfeuchte und deren Besetzungen mit Viruspopulationen,
- das Reden oder das Singen bewirkt die Infektion eines biologischen Organismus über Atmungsgase und deren Durchsetzungen mit Viruspopulationen.

Der Anzahl der Beteiligten – ohne dass sie behindert werden- sind keine Grenzen gesetzt, allen gemeinsam ist ein Formalismus, der wie folgt aufgeführt ist::

Der Anzahl der Beteiligten – ohne dass sie behindert werden- sind keine Grenzen gesetzt, allen gemeinsam ist ein Formalismus, der wie folgt aufgeführt ist:

© Der/die Autor(en), exklusiv lizenziert durch Springer Fachmedien Wiesbaden GmbH, ein Teil von Springer Nature 2021
M. Hellwig, *Partikelemissionskonzept und probabilistische Betrachtung der Entwicklung von Infektionen in Systemen*,
https://doi.org/10.1007/978-3-658-33157-3_4

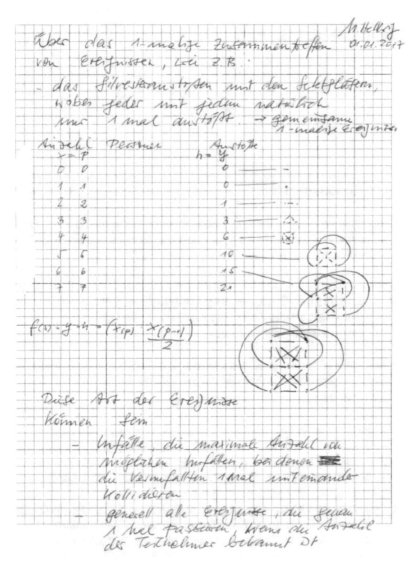

Abb. 4.1 Gedankenskizze

Abb. 4.2 Gedankenskizze

1. In einer Menge Beteiligten (n) teilen sich mindestens 2 Beteiligte (n = 2) 1 gemeinsames Ereignis E,

daraus folgt:

2. Erfolgen die Ereignisse für jeden Beteiligte (n) so ist die Anzahl der Ereignisse als Funktion:

$$A_E = (n_E * (n_E - 1))/2 \qquad (4.1)$$

oder als Kombination n-ter Ordnung, der Fall „ohne Zurücklegen", mit Berücksichtigung der Anordnung:

$$A_E = n_E!/(2!(n_E - 2)!) \qquad (4.2)$$

4.2.1 Tabellarische Darstellung der Entwicklung, der Verteilungsrate

Seine Ergebnisse ergeben sich aus der folgenden tabellarischen und grafischen Darstellung, Tab. 4.1 A und B mit einer zunehmenden Anzahl von n Teilnehmern, die an einer Veranstaltung beteiligt Sind.

Daraus ist ersichtlich, dass mit einer monoton ansteigenden Anzahl von Teilnehmern n(E) die Anzahl von Ereignissen A_E quadratisch zunimmt.

Zur Veranschaulichung sind die ersten vier Fälle (Abb. 4.3a, b, c, d) anhand von Abbildungen dargestellt.

Es sollte dann bestimmt werden, dass der Grenzwert von.

Tab. 4.1 A Anzahl häufiger Ereignisse, B

Number of participants	Combination number of common events	Number of common events function	common, double simultaneous events for which applies:
Common, one-time events for which the following applies:	$A_E = n_E!/(3!\,(n_E-2)!/2)$	$A_E = (n_E * n_E - 1)/3$	
0		0	
1		0	
2	0,5	0,5	
3	1,5	1,5	
4	3	3	
5	5	5	
6	7,5	7,5	
7	10,5	10,5	
8	14	14	
9	18	18	
10	22,5	22,5	
11	27,5	27,5	
12	33	33	
13	39	39	
14	45,5	45,5	
15	52,5	52,5	
16	60	60	
17	68	68	
18	76,5	76,5	
19	85,5	85,5	
20	95	95	
21	105	105	
22	115,5	115,5	
23	126,5	126,5	
24	138	138	
25	150	150	
26	162,5	162,5	
27	175,5	175,5	
28	189	189	
29	203	203	
30	217,5	217,5	
31	232,5	232,5	
32	248	248	

A   B

Abb. 4.3 a, b, c, d, Anzahl der häufigen Ereignisse in den Fällen a, b, c, d; **a** 2 Teilnehmer, 1 Ereignis; **b** 3 Teilnehmer, 3 Ereignisse; **c** 4 Teilnehmer, 6 Ereignisse; **d** 5 Teilnehmer, 10 Ereignisse

Abb. 4.3 (Fortsetzung)

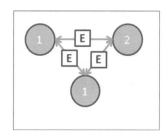

Abb. 4.3 (Fortsetzung)

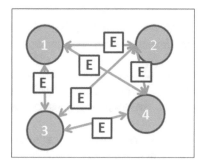

Abb. 4.3 (Fortsetzung)

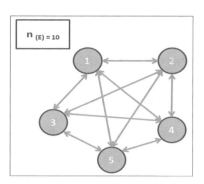

$$A_{E,2} = (n_E * n_E - 1)/2 \tag{4.3}$$

$$(n_E * n_E - 1)/2 = \infty \tag{4.4}$$

Dann ist der Limes für n = 5.

$$(5 * (5 - 1))/2 = 10 \qquad (4.5)$$

somit auch das Maximum der möglichen höchsten Anzahl von Ereignissen A_E festgelegt.

Damit beträgt das Risiko einer Infektion 10 Kontakte über 5 Teilnehmer = 200 %.

Im Umkehrschluss kann durch Umstellen von Formel 3.2 nach.

$$n = \sqrt{\left(2 * A_{E,2} + 0,25\right) + 0,5)} \qquad (4.6)$$

auf die Anzahl der Infizierten (biologisch, informationstechnisch) zu Beginn der Erhebung geschlossen werden.

4.3   Entwicklung der Ausbreitung biologischer Infektionen, Verteilungsrate und Kontaktrate

Informationstechnische Infektionen durch Schadviren erzeugen ausschließlich materiellen Schaden, der mit entsprechenden Systemen beseitigt werden kann. Biologischer Schaden kann mitunter dauerhaft verbleiben. Das betrachtete System besteht daher aus dem Zusammenwirken von Menschen unter infektiösen Bedingungen. Daher wird nun zurückgegriffen auf den zuvor dargestellten mathematischen Formalismus, der die Ausbreitung, im weiteren Emission genannt, unter den Funktionen:

- $A_{E,2} = \left(n_E * (n_E - 1)\right)/2$ $\qquad (4.7)$

- nunmehr die Verteilungsrate

$$V_{(e)} = \left(N_{(e)} * N_{(e-1)}\right)/2 \qquad (4.8)$$

- und die Kontaktrate

$$K_{(e)} = N_{(e-1)}^{(r)} \qquad (4.9)$$

abbildet.

4.3.1   Partikelemissionskonzept

Es wird ein Konzept vorgestellt, das Partikelemissionskonzept, mit dem die Funktionalität des biologischen Infektionssystems identifiziert werden soll. Dazu müssen zunächst die Einflussvariablen, Parameter des Systems, formuliert werden, die selten sind:

- Die Partikel, in diesem Fall eine Anzahl von Schadviren,
- Der Emittent (e), derjenige, der die Partikel gibt,
- Die Anzahl der Emittenten $N_{(e)}$
- Die Anzahl der Wiederholungen von Kontakte zwischen mindestens 2 Emittenten (r),
- Die Kontaktrate $K_{(e)} = N_{(e-1)}^{(r)}$
- Die Verteilungsrate $V_{(e)} = (N_{(e)} * N_{(e-1)})/2$

Eine Handskizze (Abb. 4.4) zeigt das Konzept der folgenden Funktionen:

Dem Formalismus folgend ergibt sich folgende Tabelle (Abb. 4.5) für Emittenten/Teilnehmern bei steigender Anzahl und dem Infektionsrisiko für Wiederholungsfälle, derart, dass sich selbige mit weiteren Teilnehmern infektiös austauschen.

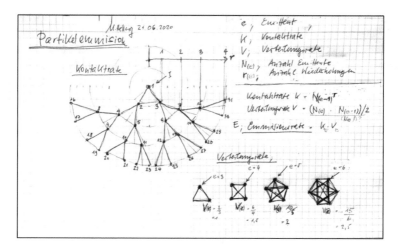

Abb. 4.4 Partikelemissionskonzept, Handskizze des Gedankengangs

Entwicklung des **Infektionsrisikos** bei einer anfänglichen Zahl von Infizierten Emittenten (e), einmal-erstmaliger möglicher Kontakte und Wiederholungen (r)

Modell	Anzahl der beteiligten Emittenten	Anzahl möglicher Kontakte	Risiko für r =	Wiederholungs-fall für r =	Risiko für r =	Wiederholungs-fall für r =	Risiko für r =	Wiederholungs-fall für r =	Risiko für r =	Wiederholungs-fall für r =	Risiko für r =
			0	1	1	2	2	3	3	4	4
	e	Verteilungsrate $V_{(x)} = 1/2(e*(e-1))$	r = 0	r = 1	r = 1	r = 2	r = 2	r = 3	r = 3	r = 4	r = 4
						Kontaktrate $K(e) = (e-1)^r$ / Risiko					
	0,00										
	1,00										
	2,00	1.00	50%	1.00	100%	1.00	100%	1.00	100%	1.00	100%
	3,00	3.00	100%	6.00	200%	12.00	400%	24.00	800%	48.00	1600%
	4,00	6.00	150%	18.00	300%	54.00	900%	162.00	2700%	486.00	8100%
	5,00	10.00	200%	40.00	400%	160.00	1600%	640.00	6400%	2.560.00	25600%
	6,00	15.00	250%	75.00	500%	375.00	2500%	1.875.00	12500%	9.375.00	62500%
	7,00	21.00	300%	126.00	600%	756.00	3600%	4.536.00	21600%	27.216.00	129600%
	8,00	28.00	350%	196.00	700%	1.372.00	4900%	9.604.00	34300%	67.228.00	240100%
	9,00	36.00	400%	288.00	800%	2.304.00	6400%	18.432.00	51200%	147.456.00	409600%
	10,00	45.00	450%	405.00	900%	3.645.00	8100%	32.805.00	72900%	295.245.00	656100%
	11,00	55.00	500%	550.00	1000%	5.500.00	10000%	55.000.00	100000%	550.000.00	1000000%
	12,00	66.00	550%	726.00	1100%	7.986.00	12100%	87.846.00	133100%	966.306.00	1464100%
	13,00	78.00	600%	936.00	1200%	11.232.00	13200%	134.784.00	172800%	1.617.408.00	2073600%
	14,00	91.00	650%	1.183.00	1300%	15.379.00	16900%	199.927.00	219700%	2.599.051.00	2856100%
	15,00	105.00	700%	1.470.00	1400%	20.580.00	19600%	288.120.00	274400%	4.033.680.00	3841600%
	16,00	120.00	750%	1.800.00	1500%	27.000.00	22500%	405.000.00	337500%	6.075.000.00	5062500%
	17,00	136.00	800%	2.176.00	1600%	34.816.00	23600%	557.056.00	409600%	8.912.896.00	6553600%
	18,00	153.00	850%	2.601.00	1700%	44.217.00	28900%	751.689.00	491300%	12.778.713.00	8352100%
	19,00	171.00	900%	3.078.00	1800%	55.404.00	32400%	997.272.00	583200%	17.950.896.00	10497600%
	20,00	190.00	950%	3.610.00	1900%	68.590.00	36100%	1.303.210.00	685900%	24.760.990.00	13032100%

Abb. 4.5   Partikelemissionskonzept, wiederholte Fälle von infektiösem Austausch

4.3.2   Anfangsbedingungen, Grundgesamtheit

Zum Anfangs eines Infektionsgeschehens ist die Art und Weise des Verhaltens der Infektion oft unbekannt, daher ist es notwendig Annahmen zu treffen, die – besonders in des Anfängen des Infektionsgeschehens – durch Messungen auf Veränderungen zu bestätigen oder zu verwerfen und damit zu korrigieren sind. Auch im nachfolgenden Verlauf (Abb. 4.6) können sich die Parameter ändern. Das führt dann wiederholt zu Korrekturen zu den Aussagen zur Zukunft des Infektionsverlaufs.

Die Anfangspopulation kann durch Umstellen der Formel gemäß.

$$n = \sqrt{((2 * V(e) + 0{,}25)) + 0{,}5}} \qquad (4.10)$$

Initial population of infection with an initial number of infected emitters (s)			
	Number of repetitions r as a function of time	Number of possible contacts	Initial population
Distribution rate $V_{(e)} = 1/2(e*(e-1))$	$r_{(t)}$	$V_{(e=0)}$	e
	0,50	0,00	1
	0,50	0,00	1
	1,00	1,00	2
	1,50	3,00	3
	2,00	6,00	4
	2,50	10,00	5
	3,00	15,00	6
	3,50	21,00	7
	4,00	28,00	8
	4,50	36,00	9
	5,00	45,00	10
	5,50	55,00	11
	6,00	66,00	12
	6,50	78,00	13
	7,00	91,00	14
	7,50	105,00	15
	8,00	120,00	16

Abb. 4.6   Erstinfektionspopulation mit einer Anfangszahl infizierter Personen

4.3.3   Ermitteln der Anfangspopulation

Die Feststellung der Anfangspopulation ist Teil eines Gesamtmessungskonzeptes, sie müssen zu Beginn eines Infektionsgeschehens als auch in rhythmischen, kontinuierlich-zeitlichen Abständen regionalübergreifend erfolgen.

Die Messungen bilden die Grundlage für Aussagen zum künftigen Verhalten des Infektionsgeschehens gemäß den Anwendungen von Statistik und Probabilistik.

Aus folgender Abbildung (Abb. 4.7) geht hervor, dass für den Fall das zu Beginn einer Fallzahlenerhebung die Zahl der Emittenten (e) = 78 zur Verteilungsrate V(e) mindestens 13 Emittenten in einem Abstand von r(e) = 6,5 Wiederholungen beigetragen haben.

Anfangspopulation der Infektion bei einer anfänglichen Zahl von Infizierten Emittenten (e)

	Anzahl der Wiederholungen r als Funktion der Zeit	Zeiteinheiten mit Beginn z.B. 25.01.2020	Anzahl möglicher Kontakte	Anfangspopulation
Verteilungsrate $V_{(s)} = 1/2(e^r(e-1))$	$r_{(t)}$	t	$V_{(s=t)}$	e
	0,50	25.1.20 0:00	0	1,00
	0,50	25.1.20 12:00	0	1,00
	1,00	26.1.20 0:00	1	2,00
	1,50	26.1.20 12:00	3	3,00
	2,00	27.1.20 0:00	6	4,00
	2,50	27.1.20 12:00	10	5,00
	3,00	28.1.20 0:00	15	6,00
	3,50	28.1.20 12:00	21	7,00
	4,00	29.1.20 0:00	28	8,00
	4,50	29.1.20 12:00	36	9,00
	5,00	30.1.20 0:00	45	10,00
	5,50	30.1.20 12:00	55	11,00
	6,00	31.1.20 0:00	66	12,00
	6,50	31.1.20 12:00	78	13,00
	7,00	1.2.20 0:00	91	14,00
	7,50	1.2.20 12:00	105	15,00
	8,00	2.2.20 0:00	120	16,00

Abb. 4.7 Beispiel Chronologische Abfolge einer Infektion mit einer Schlussfolgerung über eine anfängliche Population

Dabei kann die Anzahl der Wiederholungen als zeitliche Abfolge an einem Beispiel dargestellt werden.

4.3.4 Ermitteln des exponentiellen Wachstums über Folgeintervalle

Gemäß der Darstellung des Konzepts der Partikelemissionen muss jedoch auch berücksichtigt werden, dass die Fallzahlen in Abhängigkeit von der Dichte der Ansammlungen der Emitter exponentielle Wachstumsdaten annehmen.

Eine Tabelle (Abb. 4.8) zeigt, wie sich Infektionen ausbreiten, wenn die Parameter die aufgeführten Werte annehmen.

Dazu seien 2 Fallbeispielrechnungen gemäß Partikelkonzept aufgeführt:

Fall 1: E (e) = 3, r = 4, K = 2^4, K = 3, V = 3; then E = K * V = 16*3 = 48,

Fall 2:: E (e) = 4, r = 4, K = 3^4, K = 3, V = 6; then E = K * V = 81*6 = 486.

Modell	Anzahl der beteiligten Emittenten	Anzahl möglicher Kontakte	Wiederholungsfall für r = 1	Wiederholungsfall für r = 2	Wiederholungsfall für r = 3	Wiederholungsfall für r = 4	Schaubilder
			1	2	3	4	
e	Verteilungsrate $V_{(x)} = 1/2(e*(e-1))$	r = 1	r = 2	r = 3	r = 4		
		Kontaktrate $K(e) = (e-1)^r$					
0,00	0,00	-6,00	6,00	-6,00	6,00		
1,00	0,00	0,00	0,00	0,00	0,00		
2,00	1,00	1,00	1,00	1,00	1,00		
3,00	3,00	6,00	12,00	24,00	48,00		
4,00	6,00	18,00	54,00	162,00	486,00		
5,00	10,00	40,00	160,00	640,00	2.560,00		
6,00	15,00	75,00	375,00	1.875,00	9.375,00		
7,00	21,00	126,00	756,00	4.536,00	27.216,00		
8,00	28,00	196,00	1.372,00	9.604,00	67.228,00		
9,00	36,00	288,00	2.304,00	18.432,00	147.456,00		
10,00	45,00	405,00	3.645,00	32.805,00	295.245,00		
11,00	55,00	550,00	5.500,00	55.000,00	550.000,00		
12,00	66,00	726,00	7.986,00	87.846,00	966.306,00		
13,00	78,00	936,00	11.232,00	134.784,00	1.617.408,00		
14,00	91,00	1.183,00	15.379,00	199.927,00	2.599.051,00		
15,00	105,00	1.470,00	20.580,00	288.120,00	4.033.680,00		
16,00	120,00	1.800,00	27.000,00	405.000,00	6.075.000,00		
17,00	136,00	2.176,00	34.816,00	557.056,00	8.912.896,00		
18,00	153,00	2.601,00	44.217,00	751.689,00	12.778.713,00		
19,00	171,00	3.078,00	55.404,00	997.272,00	17.950.896,00		
20,00	190,00	3.610,00	68.590,00	1.303.210,00	24.760.990,00		

Abb. 4.8 Tabelle für das Partikelemissionskonzept, Fall 1, Fall 2

Die vorstehende Erklärung zeigt die Art und Weise, in der die Verteilung von Partikeln, d. H. Infektionen über Kontakte und deren Kontaktrate, stattfindet. Für eine weitere Prognose der weiteren Entwicklung ist es von entscheidender Bedeutung, unter welchen Anfangsbedingungen, d. H. Mit welcher Anzahl von anfänglich infizierten eine Entwicklung beginnt. Weiterhin muss berücksichtigt werden, unter welchen Bedingungen der weitere Verlauf einer Infektion gelernt wird. Es sollte beachtet werden, dass sich die Ausbreitungsdynamik effektiv zu etwas ähnlichem wie N-1 ändern würde, wenn eines der Gruppenmitglieder immun wäre (aus welchem Grund auch immer). Es wird zum Beispiel komplizierter, wenn 4 von 10 Personen immun sind und 1 infiziert ist und wir nicht sicher sein können, dass die 5 Anfälligen alle die 1 Infizierten oder eine Person kontaktieren, die mit den Infizierten in Kontakt steht und so weiter. Aber es ist wahrscheinlich sicher, diesen Punkt nicht zu überarbeiten. Das heißt, aus dieser Tabelle wird entnommen:

1. Die Anzahl der beteiligen Infizierten, die zum Zeitpunkt des Beginns der Aufzeichnung in Ansatz gebracht wird,

2. Die Anzahl der infektiösen Kontakte, die aus 1. entstehen, die aus der
aufgeführten Formel zu zum Zeitpunkt des Erstkontaktes – zu Beginn der
Aufzeichnung – zu erwarten sind,

3. Die Anzahl der infektiösen Kontakte, die aus den Wiederholungsfällen gilt
wenn eine Verbreitung der Infektionen gemäß dem entsprechenden Exponenten für die Wiederholung /Replikation (r) möglich ist.

4.4 Grundlage für eine probabilistische Prognose

Eine Aussage über den Fortgang des Infektionsgeschehens, das sich nach der Feststellung der Anfangsbedingung entwickelt, kann über Wahrscheinlichkeitsverläufe
dargestellt werden.

Dazu wird in diesem Buch eine schiefe Verteilung genutzt, da vorausgesetzt
wird, dass durch die Sättigung des Infektionsgeschehens entlang einer Zeitachse
eine lang auslaufende Häufigkeitsverteilung erwartet wird. Eine probabilistische
Aussage soll helfen das Maximum, als auch das Ende des Infektionsgeschehens
auf einer Zeitachse ersichtlich zu machen.

4.4.1 Statistische Erhebungen

Als Grundlage zu den Häufigkeitsverteilungen dienen statistische Erhebungen,
wie sie am Beispiel der Corona-Infektion im Jahr 2020 im entsprechenden
Internetauftritt https://de.statista.com gegeben sind.

Am Beispiel der Infektionsgeschehen in den Staaten Deutschland, Vereinigte Staaten von Amerika und Spanien sei dargestellt wie sich die anfängliche
Entwicklung darstellt.

Statistische Erhebungen Deutschland (Abb. 4.9).

4.4.2 Wahrscheinlichkeit

Zur Ermittlung des künftigen Geschehens von Ereignissen, die statistisch erho-
ben werden kann die Probabilistik Aussagen treffen. Dazu sind Messungen
gemäß Abschn. 3.4.1, die einerseits als Grundlage für die Startbedingungen der
Probabilistik als auch für eine kontinuierlichen Prognose liefert.

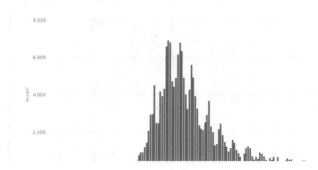

Pharma & Gesundheit › Gesundheitszustand

Entwicklung der täglich neu gemeldeten Fallzahl des Coronavirus (COVID-19) in Deutschland seit Januar 2020

(Stand: 8. Juni 2020)

Abb. 4.9 Entwicklung der Anzahl der seit Januar 2020 täglich in Deutschland gemeldeten Fälle des Coronavirus (COVID-19)

4.4.3   Der Unterschied: Mathematische Wahrheit durch Beweis – statistische Näherung an Wahrheit durch Experimente

Wenn Wissenschaftler versuchen, die Wahrheit zu finden – im Sinne von – 100 %iger Gewissheit – werden sie scheitern. Es wird zu jeder Zeit einen Unterschied zwischen der mathematischen und der statistischen Wahrheit geben. Eine mathematische Wahrheit wird als mathematischer Beweis definiert. Eine statistische Wahrheit, für die niemals einen Beweis in mathematischer Sicht gefunden werden kann, gilt nur als Vergleich von Stichproben einer Reihe von Versuchswerten mit einer theoretischen Dichtefunktion, die immer von der Menge der Versuche abhängt, die sie erheben. Die Antwort lautet also letztendlich: Einerseits wird mit der Stärke eines deterministischen Algorithmus im mathematischen Sinne agiert, andererseits wird eine Datenmenge im statistischen Sinne unter Verwendung einer Dichteverteilung wie der logarithmischen Dichteverteilung zur Näherung an eine Wahrheit ausgewertet.

In Verbindung mit den vorangegangenen Ausführungen wird darauf hingewiesen, dass diese Arbeit ausschließlich statistisch-probabilistische Aussagen macht, Einflüsse anderer Fachgebiete sind nicht berücksichtigt. Eine Beispiel für die Erarbeitung einer mathematischen Wahrheit ist der Beweis des Satze des Pythagoras (Abb. 4.10). Die oft publizierte ist diese grafische Darstellung eines Zahlenbe-

Abb. 4.10 Beweis des
Satzes von Pythagoras

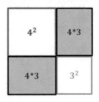

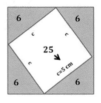

weises in dem die Wahrheit durch einen zwingenden Logikfall herbeigeführt
wird..

Demgegenüber steht die statistisch-probabilistische Wahrheitsfindung, die
Näherung an eine Übereinstimmung von Verhältnissen durch einen Regressions-
test, die durch die Methode der kleinsten Quadrate herbei geführt wird. Diese
Methode wird im weiteren Verlauf der Gegenüberstellung der Häufigkeitswerte
von Infektionswerten und den Wahrscheinlichkeitswerten (Abb. 4.11a, b) aus der
logarithmischen Equibalancedistribution verwendet. Die prozentuale Höhe des
ermittelten Bestimmtheitsmaßes ist daher als Näherungswert zur Übereinstimmung zu betrachten.

Da erwartet und gezeigt wurde, dass die statistische Häufigkeitsverteilung des
Infektionsprozesses nicht symmetrisch ist, wurde die unten gezeigte Dichte für
Prognosen verwendet:

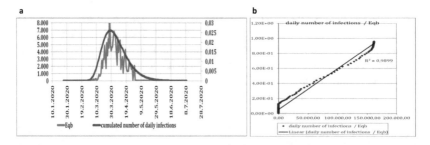

Abb. 4.11 a Frequenzwerte – Wahrscheinlichkeitswerte, b Methode der kleinsten Quadrate.

4.5 Zweifel an statistischen Erhebungen

Viele Fragen drehen sich um den Wert der statistischen Erhebungen. Eine der wichtigsten ist daher:

- Steigt die Anzahl der Coronafälle, weil mehr getestet werden?

Dies kann definitiv in dem Sinne beantwortet werden, dass alle pro Quartal gesammelten Testmessungen mit der Anzahl der Personen zusammenhängen, die positiv getestet wurden. Die folgende Tabelle (Abb. 4.12) zeigt, dass die Abweichungen von Quartal zu Quartal im unteren Prozentbereich liegen. Dies sichert die Grundlage für alle statistischen Erhebungen.

	Week	2020	Number		
	Testings				
	positively	tested	prositive-ratio	(%)	Number of laboratoies
	Bis	einschließlich	KW10	124.716	3.892
	Measurement	Mean	Mean	Coeffizient	Deviation from the previous measurement
1	Woche 11-14	311.484,8	24.925,3	8,00%	
2	Woche 15-18	374.669,8	30.727,5	8,20%	0,1991%
3	Woche 19-22	370.490,5	30.293,0	8,18%	-0,0248%
4	Woche 23-26	371.084,3	26.960,3	7,27%	-0,9112%
5	Woche 27-30	350.694,3	20.891,0	5,96%	-1,3082%
1	11	127.457	7.582	5,9	114
2	12	348.619	23.820	6,8	152
3	13	361.515	31.414	8,7	151
4	14	408.348	36.885	9	154
1	15	380.197	30.791	8,1	164
2	16	331.902	22.082	6,7	168
3	17	363.890	18.083	5	178
4	18	326.788	12.608	3,9	175
1	19	403.875	10.755	2,7	182
2	20	432.666	7.233	1,7	183
3	21	353.467	5.218	1,5	179
4	22	405.269	4.310	1,1	178
1	23	340.986	3.208	0,9	176
2	24	326.645	2.816	0,9	172
3	25	387.484	5.309	1,4	175
4	26	467.004	3.674	0,8	180
1	27	505.518	3.080	0,6	150
2	28	509.298	2.989	0,6	177
3	29	537.334	3.480	0,6	173
4	30	569.868	4.462	0,8	176
	31	573.802	5.551	1	161
	Summe	8.586.648	249.242		

Abb. 4.12 Frequenzwerte – Wahrscheinlichkeitswerte, **b** Methode der kleinsten Quadrate

Alle statistischen Erhebungen unterliegen festen Regeln, damit die daraus ermittelten Kennzahlen immer nachvollziehbar bleiben und Wiederholungen immer unter gleichbleibend hohen Standards durchgeführt werden können.

Der Unterschied Influenza-Grippe- / COVID-Welle

5

In der Öffentlichkeit werden Grafiken präsentiert, welche die Wellenformen von Infektionen darstellen. Dabei ergeben sich die Formen aus den statistischen Erhebungen, die anzeigen in welcher Anzahl die Infektionen über eine Zeitspanne registriert werden – es sind Häufigkeitsverteilungen, welche Wellenformen annehmen. Dabei ist festzustellen, dass es zwischen einer Influenza-Grippewelle und einer COVID-Welle grundsätzliche Unterschiede gibt.

Das sind die offensichtlichsten:

- Eine Influenza-Grippewelle entwickelt sich linksflach und mäßig – rechts steil (Abb.5.1)

- Eine COVID-Welle entwickelt sich linkssteil und rechtsflach (Abb. 5.2).

Weitere Unterschiede/Gemeinsamkeiten, die das Wesen der Infektionen umreißen, sind festzustellen, wenn die Wiederholungen über eine Anzahl von Jahren festgestellt werden, es sind diese:

1) Influenza-Grippewellen
   a) gehen einher mit den kalten Jahreszeiten
   b) haben einen zeitlich befristeten Bereich
   c) haben eine feststellbare Zeitspanne bis das Krankheitsbild in Erscheinung tritt
   d) sind – wegen kontrollierbarer Fallzahlen – eindeutig registrabel und nachvollziehbar
   e) können beeinflusst werden durch Schutzimpfungen

© Der/die Autor(en), exklusiv lizenziert durch Springer Fachmedien Wiesbaden GmbH, ein Teil von Springer Nature 2021
M. Hellwig, *Partikelemissionskonzept und probabilistische Betrachtung der Entwicklung von Infektionen in Systemen*,
https://doi.org/10.1007/978-3-658-33157-3_5

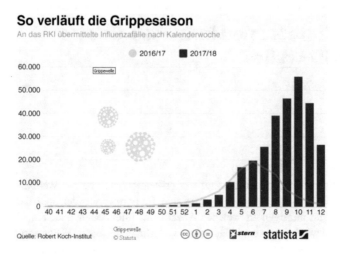

Abb. 5.1   Influenzafälle 2017/2018

(Stand: 2. November 2020)

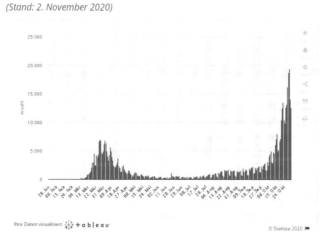

Abb. 5.2   COVID Fallzahlen 2020

2) COVID – Wellen

   a) sind von Jahreszeiten unabhängig

   b) haben keinen zeitlich befristeten Bereich, sondern können sich wiederholen

   c) haben keine feststellbare Zeitspanne bis das Krankheitsbild in Erscheinung tritt

   d) sind – bei Überschreitung von Fallzahlgrenzen – nicht mehr registrabel und nicht mehr nachvollziehbar

   e) können beeinflusst werden durch Schutzimpfungen

Daraus leiten sich die Folgen ab, mit der ein COVID – Infektionsgeschehen risikoreicher ist als das Influenza-Grippewellengeschehen.

• Durch die jahreszeitlich in regelmäßigem Abständen auftretenden Influenza-Grippewellen wird das Risiko auf eine COVID-Welle in der Gewöhnung an eine solche angesehen. Sie möge nach einer gewissen Zeit abklingen, sie ist medikamentös beeinflussbar, weitere Infektionen erfolgen nicht mehr.

• Der Trugschluss äußert sich darin, dass eine Annahme getroffen wird, dass die COVID-Welle sich genauso verhält.

• Das führt dazu, dass eine weitere Welle dann einen Anlauf nimmt, wenn nicht dafür gesorgt wird, dass eine grundsätzliche Sperre zur Ausbreitung – **frühzeitig** – eingerichtet ist.

• Es führt weiterhin zu einem weiteren Trugschluss, dass – nach erfolgtem Infektionsgeschehen -sich die Steilheit einer Wellenkurve in eine Flachheit wandeln lässt „flatten the curve". Das ist nicht der Fall, denn die anfängliche Steilheit wird beibehalten bis die Neigung zwischen mindesten zwei Punkten der Steigung zu einer Änderung des nachfolgenden Verlaufs führt. Vielmehr verläuft die Kurve entsprechend einem Gleichstand oder der Zunahme oder der Abnahme der Fallzahlen. Insofern ist der Verlauf der COVID-Kurve linkssteil und rechtsflach (Abb. 5.3).

Die vorgenannten Eigenschaften führen dazu, das COVID-Infektionsgeschehen als solches einer differenzierten statistisch-probabilistischen Anschauung zu unterwerfen.

The New York Times

One chart explains why slowing the spread of the infection is
nearly as important as stopping it.

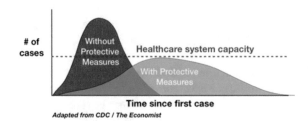

Adapted from CDC / The Economist

Abb. 5.3 Flattening the Coronavirus Curve

Grenzen der symmetrischen Varianz

6

Die Erscheinungsformen von Häufigkeitsverteilungen, wie sie in fast allen Fachgebieten erkennbar sind, beeinflussen die objektive Erfassung von Situationen, da sie häufig als Grundlage für die Beurteilung dienen. Die Prozesswelt verwendet auch gerne einfache, einprägsame grafische Darstellungen. Die von Gauß entwickelte symmetrische Normalverteilungsdichte ist ein gutes Beispiel dafür. Andererseits gibt es zahlreiche asymmetrische Prozesspositionen, für die speziell angepasste Dichtefunktionen entwickelt wurden.

Die Equibalancedistribution (Eqb), die erweitert wurde, um die Steigung/Kurtosis zu objektivieren, soll Abhilfe schaffen, indem möglichst viele der speziell angepassten Dichtefunktionen über einen Versatzparameter sowie einen logarithmischen Einfluss – den vierten Parameter – ersetzt werden.

Für die qualitätswirksame Überwachung und das Qualitätsmanagement wird die neu entwickelte Formel einer rechts- oder linksverzerrten Verteilung in Kombination mit der Kurtosis, das „Equibalancedistribution Eqbl" zur Analyse von Messwerten, als theoretische Variante dargestellt, ein vereinfachter Sonderfall, der sich jedoch mit seinem logarithmischen Anteil an die Bedingungen multiplikativer Einflüsse aus den Rohdaten anpasst.

Es ist jedoch der Fall, dass es aufgrund der gegenseitigen Beeinflussung der Parameter auf der Eqb gelieferten Werte nicht möglich ist, einzelne Parameter mit herkömmlichen Statistiken zu schätzen, da sie alle bereits im Erwartungswert vorkommen

---

Die Originalversion dieses Kapitels wurde revidiert. Ein Erratum ist verfügbar unter https://doi.org/10.1007/978-3-658-33157-3_8

Zunächst wird jedoch die später vorgestellte Analyse der Grundform der Gleichwichtungsverteilung vorgestellt.

6.1   Analysis der Dichte Eqb

Symmetrische Erscheinungsformen, wie sie sich in nahezu allen Fachgebieten offenbaren beeinflussen die objektive Erfassung von Sachlagen dahin gehend, dass sie oft als Urteilsgrundlage herangezogen werden. Auch die Prozesswelt bedient sich gerne einfacher, einprägsamer grafischer Darstellungen. Die von Gauß entwickelte symmetrische Normalverteilungsdichte ist ein gutes Beispiel dafür. Andererseits gibt es zahlreiche asymmetrische Prozesslagen für die dann speziell angepasste Dichtefunktionen entwickelt wurden.

Die neu entwickelte Equibalancedistribution Eqb soll dadurch Abhilfe schaffen, dass sie über einen Schiefeparameter möglichst viele der speziell angepassten Dichtefunktionen ersetzt.

Für das qualitätswirksame Überwachungs- und Maßnahmenmanagement stellt sich die neu entwickelte Formel einer rechts- oder linksschiefen Verteilung, die „Equibalancedistribution Eqb" für die Analyse von Messwerten als richtungsweisend dar. Die bislang zur Beschreibung herangezogene symmetrische Normalverteilung ist in der Eqb weiterhin als vereinfachter Sonderfall enthalten.

Es ist jedoch so, dass es durch die gegenseitige Beeinflussung der Parameter auf die Werte, welche die Eqb liefert nicht möglich sein wird, mit einer üblichen Statistik einzelne Parameter zu schätzen, weil sie alle schon im Erwartungswert vorkommen.

Untersucht wird die mathematische Funktion Equibalancedistribution Eqb:

$$\frac{1}{\sqrt{2\pi\sigma^2(1 - \rho(x - \mu))}} \exp -\frac{(x - \mu)^2}{2\sigma^2(1 - \rho(x - \mu))} \tag{6.1}$$

Eine Familie von Verteilungen auf $\mathbb{R}$

Andrej Depperschmidt und Marcus Hellwig

1. August 2016

Zusammenfassung

Wir betrachten eine parametrische Familie von Funktionen auf $\mathbb{R}$, die die Dichten der Normalverteilungen enthalten. Wir zeigen, dass alle Funktionen in dieser Familie selbst Dichten von Verteilungen sind.

1 Familie von Dichten

Für $r \in \mathbb{R}$, $\mu \in \mathbb{R}$ und $\sigma^2 > 0$ betrachten wir die Funktionem $f_{\rho;\mu,\sigma^2} : \mathbb{R} \to \mathbb{R}$ definiert durch

$$f_{\rho;\mu,\sigma^2}(x) = \begin{cases} \frac{1}{\sqrt{2\pi\sigma^2(1-\rho(x-\mu))}} \exp\left\{-\frac{(x-\mu)^2}{2\sigma^2(1-\rho(x-\mu))}\right\} & : x < 1/\rho + \mu \\ 0 & : x \geq 1/\rho + \mu. \end{cases}$$

In dem Fall $\rho = 0$ stimmt $f_{0;\mu,\sigma^2}(x)$ mit der Dichte der Normalverteilung mit Parametern μ und σ^2 überein. (Wir fassen zur Konsistenz $1/0$ als ∞ auf.)

Wir beschränken uns in der Analyse der Funktion zunächst auf den Fall $\mu = 0$ und $\sigma^2 = 1$ und setzen $f_\rho = f_{\rho;0,1}$.

Theorem 1. *Die Familie $\{f_\rho \colon \rho \in \mathbb{R}\}$ ist eine Familie von Dichten von Wahrscheinlichkeitsverteilungen auf $\mathbb{R}$.*

(i) Für $\rho = 0$ handelt es sich bei der Verteilung um die Standardnormalverteilung.

(ii) Für $\rho > 0$ ist die Verteilungsfunktion gegeben durch

$$F_\rho^+(x) = \begin{cases} \Phi\left(\frac{x}{\sqrt{1-\rho x}}\right) + e^{2/\rho^2}\Phi\left(\frac{x}{\sqrt{1-\rho x}} - \frac{2}{\rho\sqrt{1-\rho x}}\right) & : x < 1/\rho, \\ 1 & : x \geq 1/\rho. \end{cases} \tag{1.1}$$

(iii) Für $\rho < 0$ ist die Verteilungsfunktion gegeben durch

$$F_\rho^-(x) = \begin{cases} 0 & : x \leq 1/\rho, \\ \Phi\left(\frac{x}{\sqrt{1-\rho x}}\right) + e^{2/\rho^2}\Phi\left(\frac{x}{\sqrt{1-\rho x}} - \frac{2}{\rho\sqrt{1-\rho x}}\right) & : x > 1/\rho. \end{cases} \tag{1.2}$$

Beweis. Für jedes $\rho \in \mathbb{R}$ ist f_ρ nicht negativ. Für $\rho > 0$ ist f_ρ auf dem Intervall $(-\infty, 1/\rho)$ definiert. Für $\rho < 0$ ist die Funktion auf dem Intervall $(1/\rho, +\infty)$ definiert. Für $\rho = 0$ handelt es sich bei f_ρ um die Dichte der Standardnormalverteilung.

Wir zeigen nun, dass f_ρ für jedes $\rho \in \mathbb{R}$ die Dichte einer Wahrscheinlichkeitsverteilung auf $\mathbb{R}$ ist. Wir bezeichnen im Folgenden mit φ und Φ die Dichte beziehungsweise die Verteilungsfunktion der Standardnormalverteilung. Damit ist (i) klar.

Für (ii) und (iii) ist zu zeigen, dass f_ρ jeweils die Ableitung F_ρ^+ und von F_ρ^- ist und dass beide letztere Funktionen Verteilungsfunktionen sind. Offensichtlich sind die Funktionen stetig und monoton wachsend auf $\mathbb{R} \setminus \{1/\rho\}$.

(ii) Betrachten wir zunächst den Fall $\rho > 0$. Es gilt

$$
\lim_{x \nearrow 1/\rho} F_\rho^+(x) = \lim_{x \nearrow 1/\rho} \left(\Phi\left(\frac{x}{\sqrt{1-\rho x}}\right) + e^{2/\rho^2} \Phi\left(\frac{x}{\sqrt{1-\rho x}} - \frac{2}{\rho\sqrt{1-\rho x}}\right)\right)
$$
$$
= \Phi(\infty) + e^{2/\rho^2} \Phi(-\infty) = 1 + 0.
$$

Also ist F_ρ^+ stetig in $1/\rho$ und damit auf ganz $\mathbb{R}$. Ferner gilt $\lim_{x \to -\infty} F_\rho^+(x) = 0$.

Durch Ableiten nach x überzeugt man sich leicht davon, dass F_ρ^+ die Verteilungsfunktion einer Wahrscheinlichkeitsverteilung auf $\mathbb{R}$ ist, deren Dichte durch f_ρ gegeben ist. Es gilt nämlich

$$
\frac{d}{dx} F_\rho^+(x) = \left(\frac{\rho x}{2(1-\rho x)^{3/2}} + \frac{1}{(1-\rho x)^{1/2}}\right) \varphi\left(\frac{x}{\sqrt{1-\rho x}}\right)
$$
$$
- e^{2/r^2} \frac{\rho x}{2(1-\rho x)^{3/2}} \varphi\left(\frac{x}{\sqrt{1-\rho x}} - \frac{2}{\rho\sqrt{1-\rho x}}\right)
$$
$$
= f_\rho(x) + \frac{\rho x}{2(1-\rho x)^{3/2}} \left(\varphi\left(\frac{x}{\sqrt{1-\rho x}}\right) - e^{2/\rho^2} \varphi\left(\frac{x}{\sqrt{1-\rho x}} - \frac{2}{\rho\sqrt{1-\rho x}}\right)\right)
$$
$$
= f_\rho(x).
$$

Hier haben wir benutzt, dass $f_\rho(x) = \frac{1}{\sqrt{1-\rho x}} \varphi\left(\frac{x}{\sqrt{1-\rho x}}\right)$ ist. Die letzte Gleichung im Display folgt wegen

$$
\varphi\left(\frac{x}{\sqrt{1-\rho x}}\right) - e^{2/\rho^2} \varphi\left(\frac{x}{\sqrt{1-\rho x}} - \frac{2}{\rho\sqrt{1-\rho x}}\right)
$$
$$
= \frac{1}{\sqrt{2\pi}} \left(\exp\left\{ -\frac{x^2}{2(1-\rho x)}\right\} - \exp\left\{ \frac{2}{\rho^2} - \frac{1}{2}\left(\frac{x^2}{1-\rho x} - \frac{4x}{\rho(1-\rho x)} + \frac{4}{\rho^2(1-\rho x)}\right)\right\}\right)
$$
$$
= \frac{1}{\sqrt{2\pi}} \exp\left\{ -\frac{x^2}{2(1-\rho x)}\right\} \left(1 - \exp\left\{ \frac{2}{\rho^2} + \frac{2x}{\rho(1-\rho x)} - \frac{2}{\rho^2(1-\rho x)}\right\}\right)
$$
$$
= \frac{1}{\sqrt{2\pi}} \exp\left\{ -\frac{x^2}{2(1-\rho x)}\right\} (1 - e^0) = 0.
$$

(iii) Betrachten wir nun den Fall $\rho < 0$. Es gilt

$$
\lim_{x \searrow 1/\rho} F_\rho^-(x) = \lim_{x \searrow 1/\rho} \left(\Phi\left(\frac{x}{\sqrt{1-\rho x}}\right) + e^{2/\rho^2} \Phi\left(\frac{x}{\sqrt{1-\rho x}} - \frac{2}{\rho\sqrt{1-\rho x}}\right)\right)
$$
$$
= \Phi(-\infty) + e^{2/\rho^2} \Phi(-\infty) = 0.
$$

Also ist F_ρ^- stetig in $1/\rho$ und damit auf ganz $\mathbb{R}$. Dass f_ρ die Ableitung von F_ρ^- ist, zeigt man analog zu dem Fall $\rho > 0$. $\qquad \square$

Lemma 1.1. *Für jede Nullfolge (ρ_n) gilt*

$$
e^{1/\rho_n^2} \Phi(-1/|\rho_n|^{3/2}) \xrightarrow{n \to \infty} 0. \tag{1.3}
$$

Beweis. Wir verwenden die folgende Abschätzung

$$
1 - \Phi(x) \leq \frac{\phi(x)}{x} \quad \text{für alle } x > 0.
$$

2

Damit erhalten wir

$$e^{1/\rho_n^2}\Phi(-1/|\rho_n|^{3/2}) = e^{1/\rho_n^2}(1 - \Phi(1/|\rho_n|^{3/2})) \leq |\rho_n|^{3/2}\frac{1}{\sqrt{2\pi}}\exp\left\{\frac{1}{\rho_n^2} - \frac{1}{2|\rho_n|^3}\right\} \xrightarrow{n\to\infty} 0.$$

$\square$

Lemma 1.2. *Für $\rho \to 0$ konvergieren F_ρ^+ und F_ρ^- schwach gegen Φ. Mit anderen Worten gilt*

$$\lim_{\rho\searrow 0} F_\rho^+(x) = \lim_{\rho\nearrow 0} F_\rho^-(x) = \Phi(x) \quad \text{für alle } x \in \mathbb{R}.$$

Beweis. Sei $x \in \mathbb{R}$ und sei (ρ_n) eine Folge mit $\rho_n > 0$ für alle n und $\rho_n \to 0$ für $n \to \infty$. Für genügend große n ist dann $x < 1/\rho_n$ und es gilt

$$F_{\rho_n}^+(x) = \Phi\left(\frac{x}{\sqrt{1-\rho_n x}}\right) + e^{2/\rho_n^2}\Phi\left(\frac{x}{\sqrt{1-\rho_n x}} - \frac{2}{\rho_n\sqrt{1-\rho_n x}}\right).$$

Der erste Summand konvergiert für $n \to \infty$ gegen $\Phi(x)$. Der zweite Summand verschwindet nach Lemma 1.2.

Analog sieht man, dass für jedes $x \in \mathbb{R}$ und für jede Nullfolge (ρ_n) mit $\rho_n < 0$ für alle n die Folge $F_{\rho_n}^-(x)$ gegen $\Phi(x)$ konvergiert. $\square$

6.2 Ergänzung der Dichte Eqb um den Parameter Kurtosis

Es wurde offensichtlich, dass statistische Erhebungen und der daraus entstehenden Häufigkeitsverteilungen, oft nicht symmetrisch bezüglich der Streuung um einen Erwartungswert beziehungsweise Mittelwert sind. Vielmehr neigen sich die Werte um ein Maximum mit der Folge einer Ausprägung von Schiefe und Kurtosis.

Die folgende Gleichung, Dichte kam in den folgenden Auswertungen zum Einsatz.

$$Eqb4(x; \delta, md, r, k) = \frac{1}{s * \sqrt{\left(2\pi\left(\frac{1-((r)*(x-md))}{k}\right)\right)}} * EXP\left(\left(-\left(\frac{1}{2} * \frac{\left(\frac{x-md}{s}\right)^2}{1-(r*(x-md))}\right)\right) * k\right)$$

$$(6.2)$$

6.2.1 Parameterschätzung

Daraus resultiert, dass auch die Parameterschätzungen für:

- Mittelwert Schätzung = Modalwert
- und Schätzung der Streuung:

$$\hat{\sigma}^2 = s_n^2 = \frac{1}{n-1} \sum_{i=1}^{n} x_i - \overline{x} \qquad (6.3)$$

- sowie die geschätzte Schiefe der Stichprobenwerte nach:

$$\hat{v} = \frac{1}{n} \sum_{i=0}^{n} ((x_i - \overline{x})/s)^3 \qquad (6.4)$$

- als auch die geschätzte Kurtosis der Stichprobenwerte nach

$$\hat{k} = \left(\frac{n(n+1)}{(n-1)(n-2)(n-3)} \sum_{i=0}^{n} ((x_i - \overline{x})/s)^4 \right) - \frac{3(n-1)^2}{(n-2)(n-3)} \qquad (6.5)$$

Die Werte der Schiefe der modellierten Eqb und die Schiefe der Stichprobe sollten dabei – da es sich um ein Näherungsverfahren handelt – um geringe Differenzen – Unschärfe – unterscheiden.

Die vor genannten Parameter müssen aus den Messdaten des jeweiligen Messsystems gewonnen werden. In vorliegender Anwendung geht es um Messdaten die aus dem Internetauftritt von statista.com gewonnen werden. Als Beispiel dafür dient ein Auszug über eine zeitliche Sequenz.

Die vorliegende Auflistung (Abb. 6.1) befasst sich mit Messdaten, die von der Website statista.com erhalten wurden. Ein Auszug aus einer zeitlichen Abfolge dient als Beispiel.

6.3 Vorausschau unter Verwendung der Dichtefunktion und kontinuierlichem Abgleich der Parameter

Das betrachtete System ist ein dynamisches System, dass entsprechend der Veränderung der Parameter aus den Messdaten Veränderungen in den Auswirkungen für die Zukunft des Systems aufzeigt.

6.3.1 Statistische Grundlage

Dazu seien die vorgenannten Parameter in ihrer Wirkung auf einen zu prognostizierenden Verlauf bezüglich der Anwendung der Equibalancedistribution beschrieben.

Abb. 6.1 Zeitliche
Abfolge, Datum und
kumulierte Anzahl
infizierter Personen

30.4.2020	162.123
29.4.2020	160.059
28.4.2020	159.038
27.4.2020	159.142
26.4.2020	157.026
25.4.2020	155.418
24.4.2020	153.215
23.4.2020	151.175
22.4.2020	148.453
21.4.2020	147.065
20.4.2020	145.743
19.4.2020	144.348
18.4.2020	142.465

- Der Modalwert: er zeigt auf an welcher Stelle (zeitlich oder anzahlmäßig) das Maximum zu erwarten wird,
- Der Streuwert, die Standardabweichung: erzeigt auf, in wie weit die Messdaten um den Modalwert streuen,
- Die Schiefe: sie zeigt auf in wie weit sich die Enden der Messdaten auf die Streuung „nach links oder nach rechts" um den Modalwert verteilen.

Eine Normalverteilung kann keine vollständigen Werte dazu liefern, da sie den Schiefeparameter nicht berücksichtigt, eine Aussage auf das Ende eines Infektionsgeschehens kann damit nicht gegeben werden (Abb. 6.2).

6.3.2 Grundlagen für die exponentielle Ausbreitung, der Logarithmus historischer Daten

Alle Parameter für eine Dichte ermitteln sich aus den Daten der ermittelten Grundgesamtheit oder einer hinreichend großen Anzahl von Daten aus einer Stichprobe.

Abb. 6.2 Schiefe
Häufigkeitsverteilung,
schiefe
Wahrscheinlichkeitsdichte

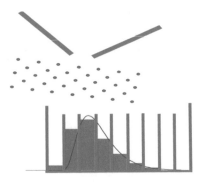

Gerne werden Infektionsgeschehen mit einer exponentiellen Ausbreitung beschrieben.

Doch welches ist der Exponent in einem dynamischen Infektionsgeschehen?

Die folgenden Ermittlungen basieren auf der Idee, die exponentielle Entwicklung mit der Historie der logarithmischen Werte zu verbinden – mit anderen Worten:

• Die Exponentwerte einer beschränkten Entwicklung in die Zukunft ermitteln sich aus einer beschränkten Anzahl von Logarithmuswerten aus der Geschichte

Es ist dadurch möglich eine Prognose zu erstellen, die dazu dienen kann das Verhalten der Verursacher/Teilnehmer am Infektionsgeschehen zu ändern.

Ein Beispiel anhand der Testdaten (Abb. 6.3, 6.4, 6.5) aus den USA mögen dieses belegen.

Zu einem Zeitpunkt sind die Testdaten als Häufigkeitsverteilung als auch die Werte der Wahrscheinlichkeitsfunktion aufgeführt. Es wird ersichtlich, das unter der existierenden exponentiellen Entwicklung ein Abnehmen entsprechend der Wahrscheinlichkeitsfunktion zu erwarten ist.

Zu einem späteren Zeitpunkt sind die Testdaten als Häufigkeitsverteilung als auch die Werte der Wahrscheinlichkeitsfunktion aufgeführt. Es wird ersichtlich, das unter der existierenden exponentiellen Entwicklung ein Abnehmen entsprechend der Wahrscheinlichkeitsfunktion zu erwarten ist.

Die **theoretische Prognose aus der Ermittlung des historischen Logarithmus** weist aber auf einen Veränderung des exponentiellen künftigen Verlaufs hin.

Werden die grafischen der aus **theoretische Prognose aus der Ermittlung des historischen Logarithmus** und der **existierenden exponentiellen Entwicklung**

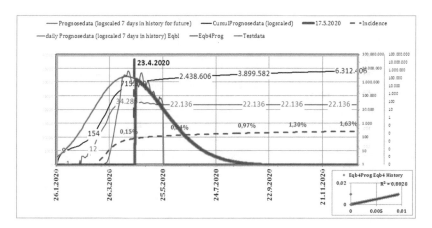

Abb. 6.3 Häufigkeit und Wahrscheinlichkeitsdichte ohne Prognose aus der log. Entwicklung

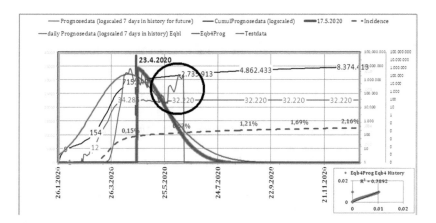

Abb. 6.4 Häufigkeit und Wahrscheinlichkeitsdichte mit 21 Tage Prognose aus der log. Entwicklung

gegenübergestellt, so ergeben sich sichere Indizien dafür, dass – wenn auch nicht in vollständiger Übereinstimmung – ein Anstieg der Häufigkeit zu erwarten ist.

Wie beschrieben unterliegen alle genannten Parameter der Dynamik des betrachteten Systems.

Dazu wird gemessen, wie sich Messdaten, in diesem Fall die:

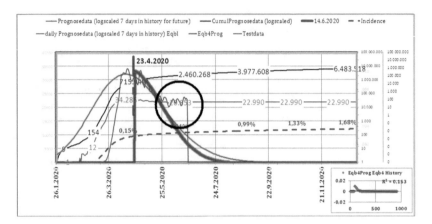

Abb. 6.5   Existierende exponentielle Entwicklung

• Täglichen Fallzahlen von Tag zu Tag unterscheiden.

Damit fallen die zu ermittelnden Werte in die Verwendung der Exponentialfunktion der Art:

$$\text{generell: } f_{(x)} = b^x, b \in \mathbb{R} \backslash \{1\} \tag{6.6}$$

und seine Umkehrfunktion zur Bestimmung des Exponenten nach:

$$\text{generell: } b^x = a; \quad x = log_b a \tag{6.7}$$

Dies ergibt sich aus der gemittelten täglichen mittleren Logarithmus der vorangegangenen 7 Tage:

$$f_{(x)} = b^x, \, f\ddot{u}r \, x = LOG(MITTELWERT(x); MITTELWERT(Messungen))$$

Dabei stellt die Kategorie das Intervall dar, welches für die Gegenüberstellung von Häufigkeitsverteilung und Dichtefunktion notwendig ist.

6.4   Datenanalyse zum Partikelemissionskonzept

Die vorhergehenden Beispiele sollten zeigen:

1. Ein Infektionsprozess ist ein dynamischer Prozess, der Entwicklungen unterliegt, die beeinflusst werden können
2. Die Bewertung eines Infektionsprozesses hängt von der Qualität der Messungen ab in Bezug auf:
   a) die Abfolge von Messungen, Timing,
   b) die Anzahl der Messungen innerhalb der Sequenz.
3. Die Auswertung der Messungen und eine Prognose für die Zukunft einer
   Infektion unterliegt dem Partikelemissionskonzept:
   a) Die Partikel, in diesem Fall eine Reihe schädlicher Viren, unterliegen dem
      Partikelemissionskonzept,
   b) Der Emitter (s), derjenige, der die Partikel gibt,
   c) Die Anzahl der Emittenten $N_{(e)}$
   d) Die Anzahl der Wiederholungen von Kontakten zwischen mindestens 2
      Emittenten (r),
   e) Die Kontaktrate $K_{(e)} = N_{(e-1)}{}^{(r)}$
   f) Die Verteilungsrate $V_{(e)} = (N_{(e)} * N_{(e-1)})/2$

6.4.1   Hygienekonsequenzen, Händedruck, Atemluft (Aerosole)

Da sich Infektionen unter den beobachteten und gemessenen Bedingungen wie
gezeigt mehr als nur exponentiell ausbreiten können sind die merklichen Anfänge
sofort durch kontinuierliche Messungen zu kontrollieren und durch geeignete
Methoden in der Folge zu dämpfen. Beispiele Kontakt und Verteilung, Beginn
eines Infektionsgeschehens „Händedruck" (Abb. 6.6).

Das nicht frühzeitig erkannte, steigende Verhalten des Prozesses kann in der
Folge nur schwerlich beeinflusst werden, da – wie gezeigt – sich die Ausbreitung
mehr als exponentiell über die Zeit hinweg entwickelt. Das gilt für alle Ereignis-
arten, die zur Emittierung von Viren führen: Übertragung aus Flüssigkeiten wie
Körperflüssigkeiten aus Händedruck oder Partikeln in der Atemluft.

Dabei steigt das Infektionsrisiko gemäß Partikelemissionskonzept mehrfach
exponentiell für eine Gruppe von Personen (Abb. 6.7) an einem gemeinsamen
Ort.

Die Statistik und Wahrscheinlichkeitsbetrachtung, aus der hergeleitet werden
kann, wie die Prognose der Verteilung über die Zeit hinweg aussieht, steht

Abb. 6.6 Emittent der
Infektion 1, 7 Teilnehmer

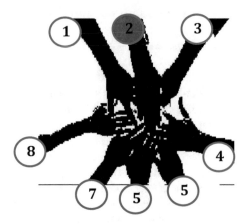

Abb. 6.7 Emittenten der Infektion 3 Teilnehmer

in Abhängigkeit der Werte aus dem Partikelemissionskonzept, da daraus die
Kategorisierung der aktuellen und künftigen Verteilungen hergeleitet wird.

Es ist offensichtlich, dass sich Virenpartikel, wenn sie ausgeatmet werden um
ein Vielfaches intensiver verbreiten, als dass es über einen momentanen Kontakt,
wie beim Händedruck erfolgt.

Daher steigt die exponentielle Steigerungsrate über Aerosole ebenfalls um ein Vielfaches abhängig von der Anzahl der Teilnehmer am Geschehen als auch der Dauer der Belastung vornehmlich dort, wo Menschen gerne – eng – zusammenkommen:

- Hochzeitsgesellschaften
- Gesangs- und Posaunenvereinen
- Einkaufshäusern
- Bars und Kneipen
- …

Der Leser möge sich selbst überprüfen, wo er sich in der Vergangenheit in enger Gesellschaft mit anderen Menschen befand.

6.4.2 Ermittlung der Prognose für einen zukünftigen Anstieg oder Abstieg des Infektionsgeschens

Der Infektionsprozess ist ein dynamischer Prozess, der beeinflusst werden kann durch:

- Die Änderung der Werte für die Parameter K und V.

Jegliche Änderungen der Werte im Verlauf des aktuellen Prozesses, ob günstig oder ungünstig, ändern den oben genannten Logarithmus und beeinflussen somit den weiter exponentiell berechneten weiteren Verlauf der Zukunft des Ereignisses (Abb. 6.8, 6.9, 6.10, 6.11, 6.12, 6.13 and 6.14).

Die Aussage hierzu wird durch die folgenden Diagramme zum Infektionsverlauf in Deutschland mit den Status gestützt: 18.03.2020, 25.03.2020, 02.04.2020, 10.04.2020, 01.05.201/2020, 14.05.2020, 30.05.2020.

Folgende Aussage wird getroffen: Nach dem Kenntnisstand aus den Ergebnissen der Messdaten vom 19. März 2020 wird bis zum 8. Juli 2020 eine Prognose von 65.775 Infizierten prognostiziert.

Das Folgende ist die Aussage: Nach dem Kenntnisstand aus den Ergebnissen der Messdaten zum 25. März 2020 gibt es eine Prognose von 123.392 infizierten Menschen bis zum 8. Juli 2020.

Das Folgende ist die Aussage: Nach dem Kenntnisstand aus den Ergebnissen der Messdaten vom 2. April 2020 gibt es eine Prognose von 198.484 infizierten Menschen bis zum 8. Juli 2020.

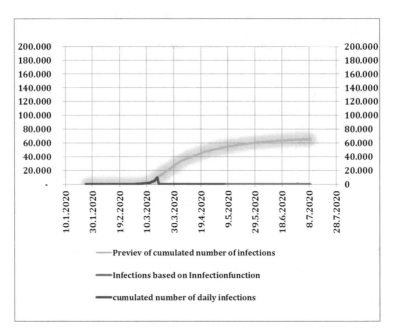

Abb. 6.8 Infektionsereignisse zum 18. März 2020, Vorschau auf die zukünftige Gesamtentwicklung, funktionsbasierte Infektionen, Gesamtentwicklung der täglichen Infektionen

Folgende Aussage wird getroffen: Nach dem Kenntnisstand aus den Ergebnissen der Messdaten vom 10. April 2020 wird bis zum 8. Juli 2020 eine Prognose von 220.439 Infizierten prognostiziert.

Folgende Aussage wird getroffen: Nach Kenntnisstand aus den Ergebnissen der Messdaten zum 1. Mai 2020 wird bis zum 8. Juli 2020 eine Prognose von 208.515 Infizierten prognostiziert.

Das Folgende ist die Aussage: Nach dem Kenntnisstand aus den Ergebnissen der Messdaten vom 14. Mai 2020 gibt es eine Prognose von 194.992 infizierten Menschen bis zum 8. Juli 2020.

Das Folgende ist die Aussage: Nach dem Kenntnisstand aus den Ergebnissen der Messdaten zum 30. Mai 2020 gibt es eine Prognose von 193.228 infizierten Menschen bis zum 8. Juli 2020.

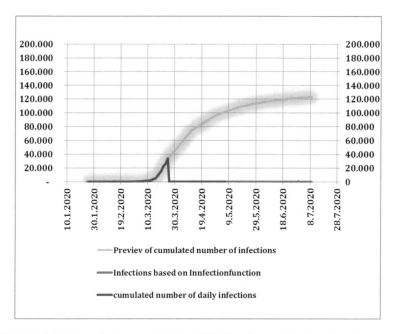

Abb. 6.9 Infektionsereignisse zum 25. März 2020, Vorschau auf die zukünftige Gesamtentwicklung, funktionsbasierte Infektionen, Gesamtentwicklung der täglichen Infektionen

Aus den vorgestellten Schaubildern, die aus der Datenanalyse entstammen, wird ersichtlich, dass der Verlauf des Infektionsgeschehens in den Infektionserhebungen an den Intervallen zwischen den Tagen 18.03.2020, 25.03.2020, 02.04.2020, 10.04.2020, 01.05.2020, 14.05.2020, 30.05.2020.
und damit die Projektion in die Zukunft desselben Prozesses:

- zum Datum vom 18.03.2020 – unterschätzt wurde,
- zum Datum vom 25.03.2020 – gesteigert wurde,
- zum Datum vom 02.04.2020 – erheblich gesteigert wurde,
- zum Datum vom 10.04.2020 – ohne erhebliche Steigerung zum 02.04.2020 verlief,
- zum Datum vom 01.05.2020 – mit leichter Senkung zum 10.04.2020 verlief,
- zum Datum vom 01.05.2020 – mit leichter Senkung zum 10.04.2020 verlief,
- zum Datum vom 14.05.2020 – mit leichter Senkung zum 10.04.2020 verlief,
- zum Datum vom 30.05.2020 – mit leichter Senkung zum 14.04.2020 verlief.

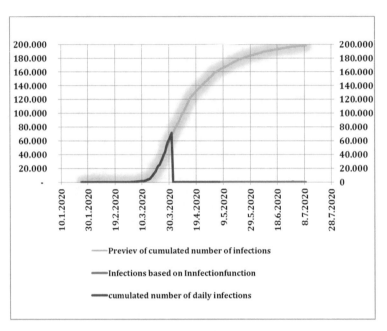

Abb. 6.10 Infektionsereignisse ab dem 2. April 2020, Vorschau auf die zukünftige Gesamtentwicklung, funktionsbasierte Infektionen, Gesamtentwicklung der täglichen Infektionen

Durch die Verwendung der Rückkopplung von täglichen Messungen auf das zukünftige Geschehen über die Ermittlung des jeweiligen Logarithmus aus mindestens 21 Tageswerten – und damit die Erzeugung eines Exponenten, der den weiteren Prozess beeinflusst und vorausschaubar macht – wir die Grundlage für eine probabilstische Betrachtung der Zukunft ermöglicht, die sich aus der Dynamik/Rückkopplung der zuvor dargestellten Methoden ermöglicht wird.

Konkret beschrieben ändern sich alle Parameterwerte, Maximum, Streuung und Schiefe der theoretischen Funktion entsprechend der zuvor beschriebenen Dynamik/Rückkopplung im Zuge des Infektionsgeschehens.

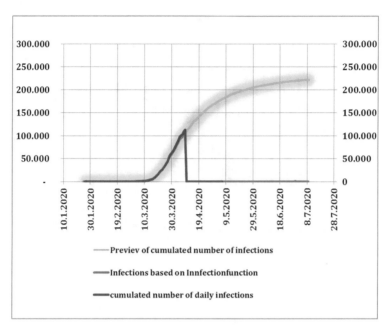

Abb. 6.11   Infektionsereignisse ab dem 10. April 2020, Vorschau auf die zukünftige Gesamtentwicklung, funktionsbasierte Infektionen, Gesamtentwicklung der täglichen Infektionen

6.4.3   Vorausschau unter Verwendung der Dichtefunktion und kontinuierlichem Abgleich der Parameter auf Basis eines dynamischen Exponenten

Die verwendete Dichtefunktion Equibalancedistribution (Eqb) soll helfen eine
Vorausschau über die zukünftigen Verläufe von Infektionsgeschehen zu beurtei-
len. Wie zuvor dargestellt werden die Parameter kontinuierlich aus den wöchent-
lichen Mittelwerten der Fallzahlen ermittelt (Abb. 6.15, 6.16, 6.17, 6.18, 6.19,
6.20, 6.21).

Im Gegensatz zur Ermittlung der Prognose für einen zukünftigen Anstieg
oder Abstieg des Infektionsgeschens wird eine Prognose über den künftigen
Häufigkeitsverlauf und damit dem Auslauf des Infektionsgeschehens ersichtlich.
Die folgenden Betrachtungen stellen auch dort Schaubilder dar, die aus der
verwendeten Wahrscheinlichkeitsfunktion Eqb auf Basis der Parameter aus der
Häufigkeitsverteilung gewonnen wurden.

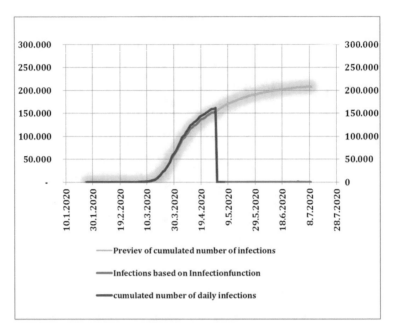

Abb. 6.12 Infektionsereignisse ab 1. Mai 2020, Vorschau auf die zukünftige Gesamtentwicklung, funktionsbasierte Infektionen, Gesamtentwicklung der täglichen Infektionen

Auch hier sei die Aussage dazu sei unterstützt durch die nachfolgenden Schaubilder für den Infektionsverlauf in Deutschland mit den Ständen: 18.03.2020, 25.03.2020, 02.04.2020, 10.04.2020, 01.05.2020, 14.05.2020, 30.05.2020.

Es wurden dazu die statistischen Erhebungen aus statista.com für die Staaten: Deutschland, Vereinigte Staaten von Amerika und Spanien verwendet.

6.4.4   Deutschland

Folgende Aussage wird getroffen: Nach dem Kenntnisstand aus den Ergebnissen der Messdaten vom 18. März 2020 gibt es eine Prognose bis zum Ende des Infektionsprozesses am 04/2020.

Das Folgende ist die Aussage: Nach dem Kenntnisstand aus den Ergebnissen der Messdaten vom 25. März 2020 gibt es eine Prognose bis zum Ende des Infektionsprozesses am 05/2020.

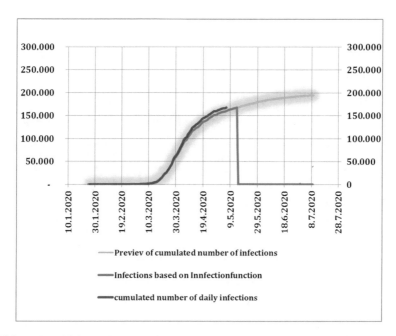

Abb. 6.13 Infektionsereignisse ab dem 14. Mai 2020, Vorschau auf die zukünftige Gesamt-entwicklung, funktionsbasierte Infektionen, Gesamtentwicklung der täglichen Infektionen

Hierzu wird folgende Aussage getroffen: Nach dem Kenntnisstand aus den Ergebnissen der Messdaten vom 2. April 2020 gibt es eine Prognose bis zum Ende des Infektionsprozesses am 07/2020.

Folgende Aussage wird getroffen: Nach dem Kenntnisstand aus den Ergebnissen der Messdaten vom 10. April 2020 gibt es eine Prognose bis zum Ende des Infektionsprozesses am 07/2020.

Hierzu ist die Aussage: Mit dem Stand der Erkenntnis aus den Ergebnis der Messdaten zum 01.05.2020 ergibt sich eine Vorausschau bis an ein auslaufendes Ende des Infektionsgeschehens zu 07/2020.

Das Folgende ist die Aussage: Nach dem Kenntnisstand aus den Ergebnissen der Messdaten vom 14. Mai 2020 gibt es eine Prognose bis zum Ende des Infektionsprozesses am 07/2020.

Folgende Aussage wird getroffen: Nach dem Kenntnisstand aus den Ergebnissen der Messdaten zum 30. Mai 2020 gibt es eine Prognose bis zum Ende des Infektionsprozesses am 07/2020.

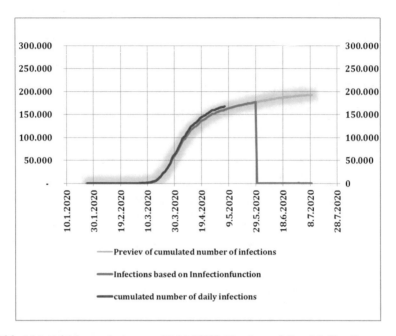

Abb. 6.14 Infektionsereignisse zum 30. Mai 2020, Vorschau auf die zukünftige Gesamtentwicklung, funktionsbasierte Infektionen, Gesamtentwicklung der täglichen Infektionen

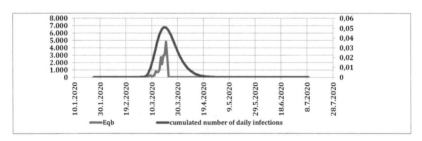

Abb. 6.15 Infektionsereignisse zum 18. März 2020 Häufigkeitsverteilung im Vergleich zu Gl

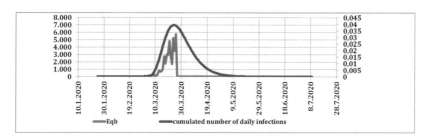

Abb. 6.16 Infektionsereignisse zum 25. März 2020 Häufigkeitsverteilung im Vergleich zu Gl

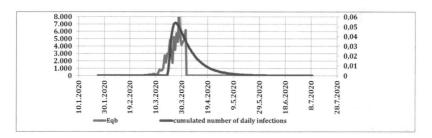

Abb. 6.17 Infektionsereignisse vom 04.02.2020 Häufigkeitsverteilung im Vergleich zu Gl

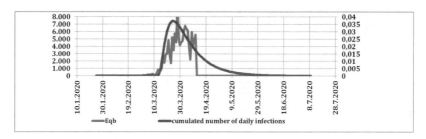

Abb. 6.18 Infection events as of 04/10/2020 Frequency distribution compared to Eqb

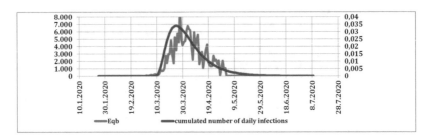

Abb. 6.19 Infektionsgeschehen Stand 01.05.2020 Häufigkeitsverteilung gegenüber Eqb

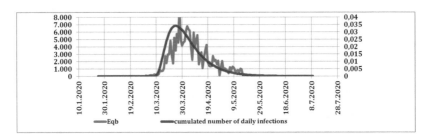

Abb. 6.20 Infektionsereignisse ab 14. Mai 2020 Häufigkeitsverteilung im Vergleich zu Gl

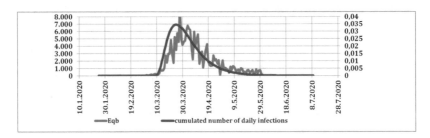

Abb. 6.21 Infektionsereignisse zum 30. Mai 2020 Häufigkeitsverteilung im Vergleich zu Gl

6.4.5 Erfahrung Deutschland

Es zeigt sich, dass zu Beginn des Infektionsprozesses eine geringe Menge an Messdaten zu Unsicherheiten hinsichtlich der statistisch-probabilistischen Analysen führt. Je größer die Anzahl der Messungen ist, desto offensichtlicher wird das Ende.

6.4.6   United States of America

Für diesen Bereich erfolgen die Darstellungen in Zusammenhang

- Ermittlung der Prognose für einen zukünftigen Anstieg oder Abstieg des Infektionsgeschens
- Vorausschau unter Verwendung der Dichtefunktion und kontinuierlichem Abgleich der Parameter auf Basis eines dynamischen Exponenten (Abb. 6.22,

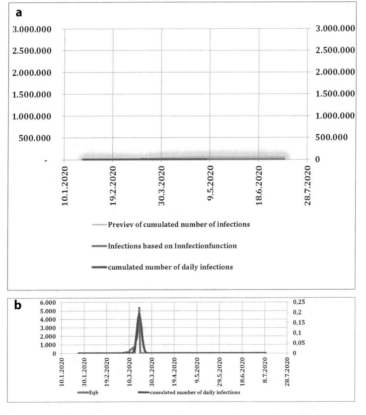

Abb. 6.22 a Infektionsereignisse vom 18. März 2020, Vorschau auf die zukünftige Gesamtentwicklung, funktionsbasierte Infektionen, Gesamtentwicklung der täglichen Infektionen b Infektionsereignisse zum 18. März 2020 Häufigkeitsverteilung im Vergleich zu Gl

6.23, 6.24, 6.25, 6.26, 6.27 and 6.28a,b)

Es sei die Aussage dazu sei unterstützt durch die nachfolgenden jeweiligen Schaubilder für den Infektionsverlauf in den Ständen: 18.03.2020, 25.03.2020, 02.04.2020, 10.04.2020, 01.05.2020, 14.05.2020, 30.05.2020.

Hierzu ist die Aussage: Mit dem Stand der Erkenntnis aus den Ergebnis der Messdaten zum ergibt sich keine plausible Vorausschau.

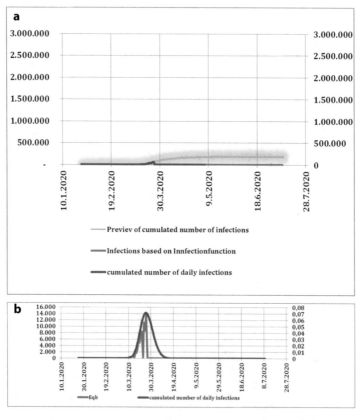

Abb. 6.23 a Infektionsereignisse vom 25. März 2020, Vorschau auf die zukünftige Gesamtentwicklung, funktionsbasierte Infektionen, Gesamtentwicklung der täglichen Infektionen **b** Infektionsereignisse zum 25. März 2020 Häufigkeitsverteilung im Vergleich zu GI

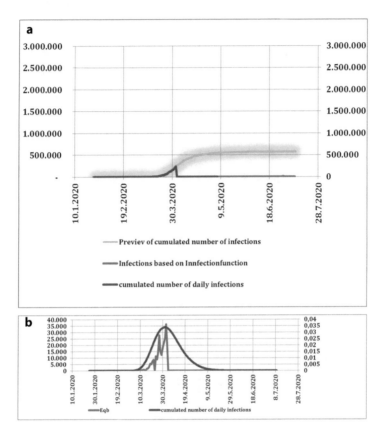

Abb. 6.24 a Infektionsereignisse ab dem 2. April 2020, Vorschau auf die zukünftige Gesamtentwicklung, funktionsbasierte Infektionen, Gesamtentwicklung der täglichen Infektionen b Infektionsereignisse ab dem 2. April 2020 Häufigkeitsverteilung im Vergleich zu Gl

Hierzu ist die Aussage: Mit dem Stand der Erkenntnis aus den Ergebnis der Messdaten zum ergibt sich keine Vorausschau, da ein Maximum nicht erkenntlich ist t.

Hierzu wird folgende Aussage getroffen: Mit dem Kenntnisstand aus dem Ergebnis der Messdaten liegt eine Prognose vor, da ein Maximum erkennbar ist.

Hierzu wird folgende Aussage getroffen: Mit dem Kenntnisstand aus dem Ergebnis der Messdaten liegt eine Prognose vor, da ein Maximum erkennbar ist.

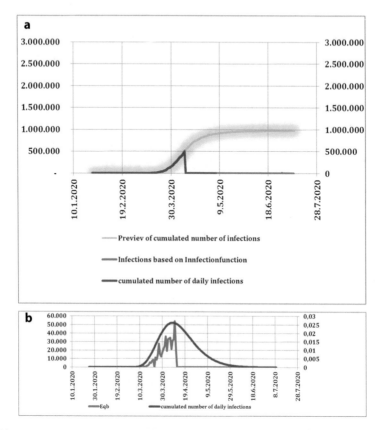

Abb. 6.25   a Infektionsereignisse vom 10. April 2020, Vorschau auf die zukünftige Gesamtentwicklung, funktionsbasierte Infektionen, Gesamtentwicklung der täglichen Infektionen
b Infektionsereignisse vom 04.10.2020 Häufigkeitsverteilung im Vergleich zu Gl

Hierzu ist die Aussage: Mit dem Stand der Erkenntnis aus den Ergebnis der
Messdaten zum ergibt sich eine veränderte Vorausschau, da ein 2. Maximum und
eine signifikant erhöhte Summenentwicklung erkenntlich ist.

Hierzu ist die Aussage: Mit dem Stand der Erkenntnis aus den Ergebnis
der Messdaten zum ergibt sich eine signifikant veränderte Vorausschau, da ein
2. Maximum mit signifikant veränderlicher Lage und eine signifikant erhöhte
Summenentwicklung erkenntlich ist.

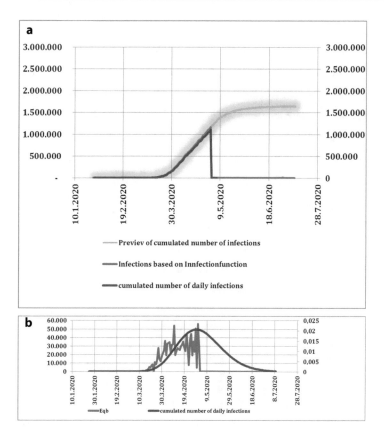

Abb. 6.26 a Infektionsereignisse ab 1. Mai 2020, Vorschau auf die zukünftige Gesamt-entwicklung, funktionsbasierte Infektionen, Gesamtentwicklung der täglichen Infektionen **b** Infektionsereignisse ab 1. Mai 2020, Häufigkeitsverteilung im Vergleich zu Gl

Hierzu ist die Aussage: Mit dem Stand der Erkenntnis aus den Ergebnis der Messdaten zum ergibt sich eine signifikant veränderte Vorausschau, da ein 2. Maximum mit signifikant veränderlicher Lage und eine signifikant erhöhte Summenentwicklung erkenntlich ist.

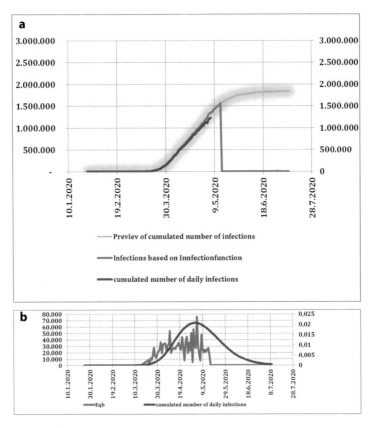

Abb. 6.27   a Infektionsereignisse vom 14. Mai 2020, Vorschau auf die zukünftige Gesamtentwicklung, funktionsbasierte Infektionen, Gesamtentwicklung der täglichen Infektionen **b** Infektionsereignisse ab 14. Mai 2020, Häufigkeitsverteilung im Vergleich zu Gl

6.4.7   Spanien

Für diesen Bereich erfolgen die Darstellungen in Zusammenhang

- Ermittlung der Prognose für einen zukünftigen Anstieg oder Abstieg des Infektionsgeschens
- Vorausschau unter Verwendung der Dichtefunktion und kontinuierlichem Abgleich der Parameter auf Basis eines dynamischen Exponenten (Abb. 6.29,

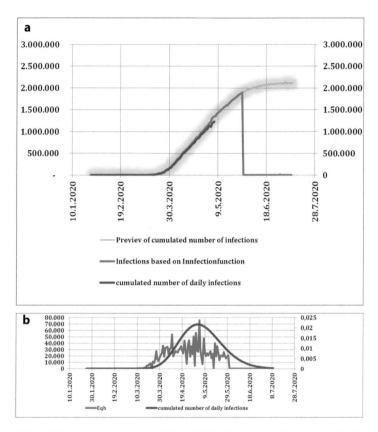

Abb. 6.28 **a** Infektionsereignisse zum 30. Mai 2020, Vorschau auf die zukünftige Gesamt-entwicklung, funktionsbasierte Infektionen, Gesamtentwicklung der täglichen Infektionen **b** Infektionsereignisse zum 30. Mai 2020, Häufigkeitsverteilung im Vergleich zu Gl

6.30, 6.31, 6.32, 6.33, 6.34 and 6.35a,b)

Es sei die Aussage dazu sei unterstützt durch die nachfolgenden jeweiligen Schaubilder für den Infektionsverlauf in Deutschland mit den Ständen: 18.03.2020, 25.03.2020, 02.04.2020, 10.04.2020, 01.05.2020, 14.05.2020, 30.05.2020.

Hierzu ist die Aussage: Mit dem Stand der Erkenntnis aus den Ergebnis der Messdaten zum ergibt sich **ein extrem steiler Anstieg der Fallzahlen ohne dass ein Maximum ersichtlich ist.**

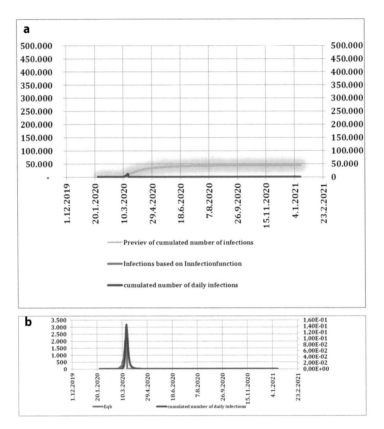

Abb. 6.29 a Infektionsgeschehen Stand 18.03.2020, Vorschau künftige Summenentwicklung, Infektionen basiert auf Funktion, Summenentwicklung täglicher Infektionen **b** Infektionsgeschehen Stand 18.03.2020 Häufigkeitsverteilung gegenüber Eqb

Hierzu ist die Aussage: Mit dem Stand der Erkenntnis aus den Ergebnis der Messdaten zum ergibt sich **ein extrem steiler Anstieg der – steigenden-Fallzahlen ohne dass ein Maximum ersichtlich ist.**

Hierzu ist die Aussage: Mit dem Stand der Erkenntnis aus den Ergebnis der Messdaten zum ergibt sich **ein extrem steiler Anstieg der – weiterhin steigenden-Fallzahlen ohne dass ein Maximum ersichtlich ist.**

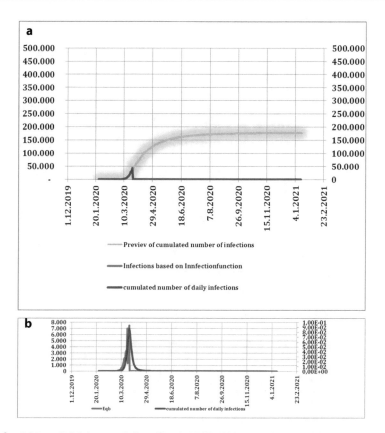

Abb. 6.30 a Infektionsgeschehen Stand 25.03.2020, Vorschau künftige Summenentwicklung, Infektionen basiert auf Funktion, Summenentwicklung täglicher Infektionen
b Infektionsgeschehen Stand 25.03.2020 Häufigkeitsverteilung gegenüber Eqb

Hierzu ist die Aussage: Mit dem Stand der Erkenntnis aus den Ergebnis der
Messdaten zum ergibt sich **ein extrem steiler Anstieg der – weiterhin steigenden-
Fallzahlen, es wird der zweite Wendepunkt ersichtlich.**

Hierzu ist die Aussage: Mit dem Stand der Erkenntnis aus den Ergebnis
der Messdaten zum ergibt sich **ein Sinken der Fallzahlen, es wird der zweite
Wendepunkt ersichtlich.**

Hierzu ist die Aussage: Mit dem Stand der Erkenntnis aus den Ergebnis der
Messdaten zum ergibt sich **ein Sinken der Fallzahlen und ein Ende absehbar.**

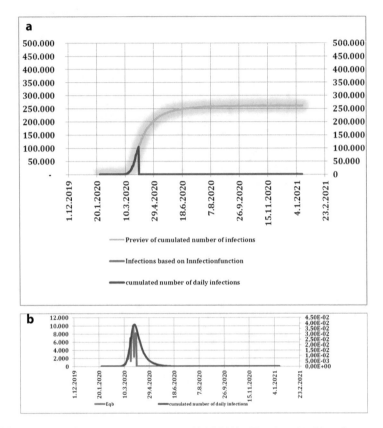

Abb. 6.31 a Infektionsgeschehen Stand 02.04.2020, Vorschau künftige Summenentwicklung, Infektionen basiert auf Funktion, Summenentwicklung täglicher Infektionen **b** Infektionsgeschehen Stand 02.04.2020 Häufigkeitsverteilung gegenüber Eqb

Hierzu ist die Aussage: Mit dem Stand der Erkenntnis aus den Ergebnis der Messdaten zum ergibt sich **ein Sinken der Fallzahlen und ein Ende absehbar.**

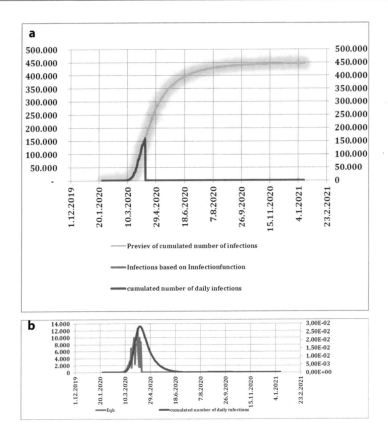

Abb. 6.32 a Infektionsgeschehen Stand 10.04.2020, Vorschau künftige Summenentwicklung, Infektionen basiert auf Funktion, Summenentwicklung täglicher Infektionen **b** Infektionsgeschehen Stand 10.04.2020 Häufigkeitsverteilung gegenüber Eqb

6.5   Betrachtung einiger Entwicklungen in den Staaten der USA

In den vorangegangenen Betrachtungen wurden die Messdaten von Staaten betrachtet. Sie müssen als solche als Datenschwarm betrachtet werden, da die Daten nicht aus einer einzigen Population stammen. Die Datenerhebungen aus https://github.com/nytimes/covid-19-data/blob/master/us-states.csv erlauben die Betrachtung der Ergebnisse aus Messdaten für einige der US- Staaten.

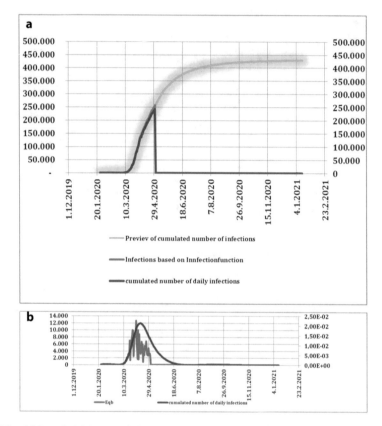

Abb. 6.33 a Infektionsgeschehen Stand 01.05.2020, Vorschau künftige Summenentwicklung, Infektionen basiert auf Funktion, Summenentwicklung täglicher Infektionen **b** Infektionsgeschehen Stand 01.05.2020 Häufigkeitsverteilung gegenüber Eqb

Anhand der Betrachtungen einiger Entwicklungen in den USA soll nun gezeigt werden (Abb. 6.36, a, b, c, d, e, 6.37, 6.38, 6.39, 6.40, 6.41, 6.42, 6.43, 6.44, 6.45, 6.46, 6.47 bis 6.48):

1. Die Darstellung der zukünftig zu erwartenden Entwicklung und damit des unentdeckten Risikos gemäß Wahrscheinlichkeitsfunktion,

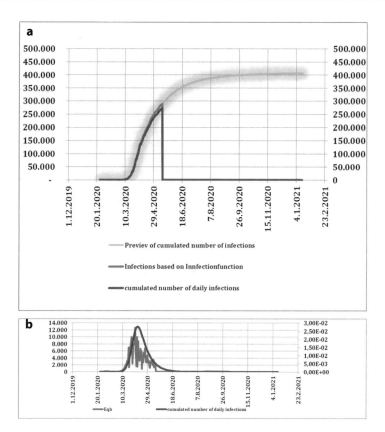

Abb. 6.34 **a** Infektionsgeschehen Stand 14.05.2020, Vorschau künftige Summenentwicklung, Infektionen basiert auf Funktion, Summenentwicklung täglicher Infektionen **b** Infektionsgeschehen Stand 14.05.2020 Häufigkeitsverteilung gegenüber Eqb

2. Der Rückschluss aus der logarithmischen Entwicklung aus einem 1-wöchigen Zeitraums aus der vorweglaufenden Entwicklung auf den zukünftigen Exponenten gemäß Wahrscheinlichkeitsfunktion,

3. Die Prognose auf den Infektionsverlauf täglich einzeln und in der Summe,

4. Das Ansteigen oder Abfallen der Infektion als Prozentsatz,

5. Die Ermittlung des Exponenten der aktuellen Entwicklung,

6. Der Vergleich der Entwicklung der Häufigkeit aus den Testdaten mit den Werten aus dem Partikelemissionskonzept

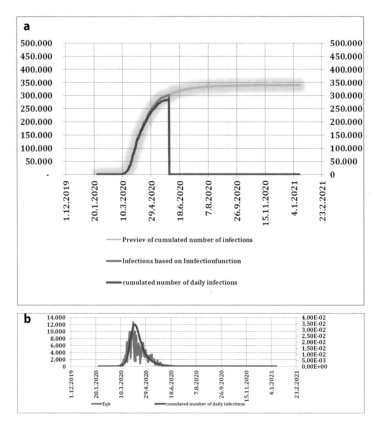

Abb. 6.35 a Infektionsgeschehen Stand 30.05.2020, Vorschau künftige Summenentwicklung, Infektionen basiert auf Funktion, Summenentwicklung täglicher Infektionen
b Infektionsgeschehen Stand 30.05.2020 Häufigkeitsverteilung gegenüber Eqb

Basierend auf den tatsächlichen Daten von COVID-19 wird gezeigt: Einige Diagramme der Entwicklung in einigen US-Bundesstaaten mit einem guten Verhalten
und einem schlechten Verhalten im Laufe der Zeit. Am wichtigsten zu sehen:
Der Exponent basiert auf dem mittleren Logarithmus von 7 Tagen vor seiner
Zunahme/Abnahme.

Hierzu ist die Aussage: Mit dem Stand der Erkenntnis aus den Ergebnis
der Messdaten ergibt sich **ein Ansteigen der Fallzahlen, wenn der Exponent
weiterhin ansteigt.**

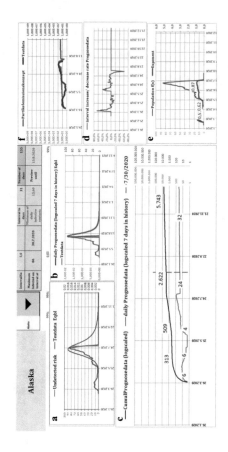

Abb. 6.36 Infektionsgeschehen Alaska

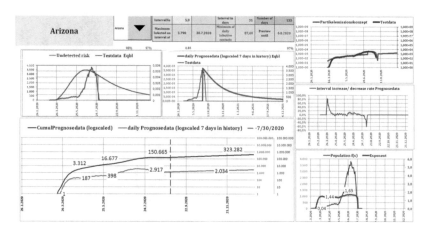

Abb. 6.37 Infektionsgeschehen Arizona

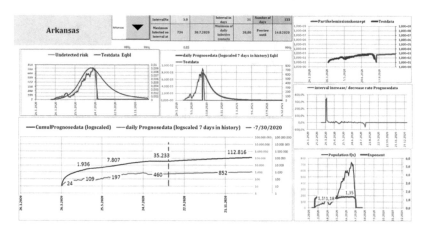

Abb. 6.38 Infektionsgeschehen Arkansas

Hierzu ist die Aussage: Mit dem Stand der Erkenntnis aus den Ergebnis der Messdaten ergibt sich **ein Gleichstand der Fallzahlen, wenn der Exponent weiterhin unverändert bleibt.**

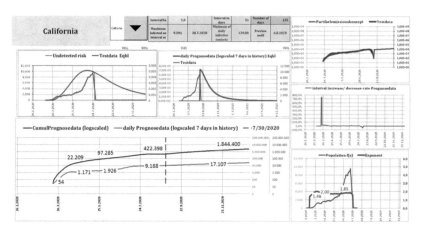

Abb. 6.39 Infektionsgeschehen Californien

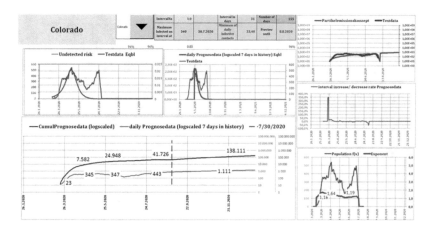

Abb. 6.40 Infektionsgeschehen Colorado

Hierzu ist die Aussage: Mit dem Stand der Erkenntnis aus den Ergebnis der Messdaten ergibt sich **ein Gleichstand der Fallzahlen, wenn der Exponent weiterhin unverändert bleibt.**

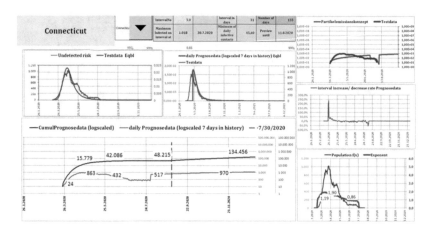

Abb. 6.41   Infektionsgeschehen Connecticut

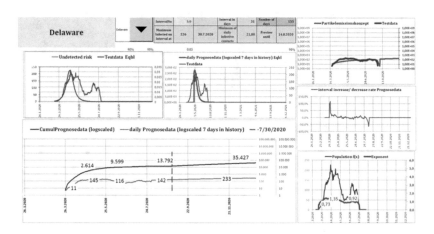

Abb. 6.42   Infektionsgeschehen Delaware

Hierzu ist die Aussage: Mit dem Stand der Erkenntnis aus den Ergebnis der Messdaten ergibt sich **ein Gleichstand der Fallzahlen, wenn der Exponent weiterhin unverändert bleibt.**

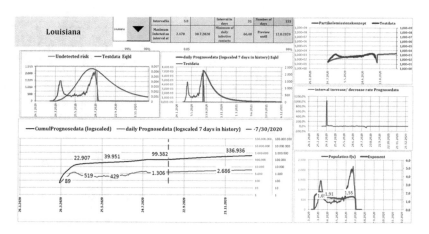

Abb. 6.43 Infektionsgeschehen Luisiana

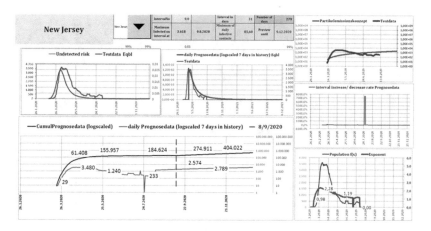

Abb. 6.44 Infektionsgeschehen New Jersey

Hierzu ist die Aussage: Mit dem Stand der Erkenntnis aus den Ergebnis der Messdaten ergibt sich **ein Ansteigen der Fallzahlen, wenn der Exponent weiterhin ansteigt. Ein zweites Ansteigen zeigt die Unachtsamkeit gegenüber der unbekannten Ausbreitungseigenschaften.**

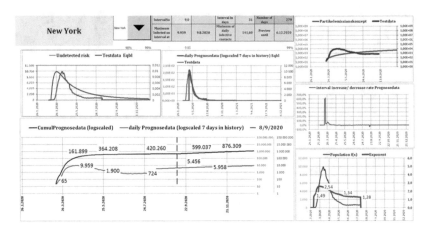

Abb. 6.45 Infektionsgeschehen New York

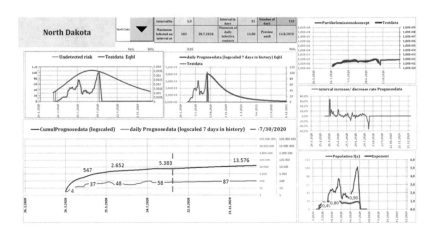

Abb. 6.46 Infektionsgeschehen North Dakota

Hierzu ist die Aussage: Mit dem Stand der Erkenntnis aus den Ergebnis der Messdaten ergibt sich **ein Absinken der Fallzahlen, da der Exponent kontinuierlich sinkt und stabil bleibt.**

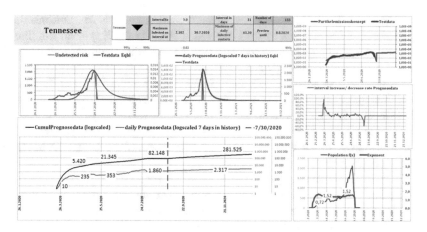

Abb. 6.47 Infektionsgeschehen Tennessee

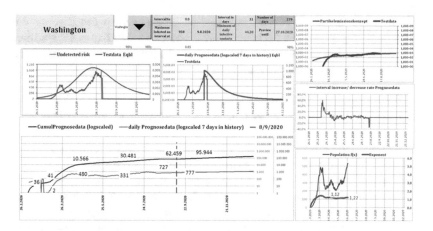

Abb. 6.48 Infektionsgeschehen Washington

Hierzu ist die Aussage: Mit dem Stand der Erkenntnis aus den Ergebnis der Messdaten ergibt sich **ein Absinken der Fallzahlen, da der Exponent kontinuierlich sinkt und stabil bleibt. Ein zweites Ansteigen zeigt die Unachtsamkeit gegenüber der unbekannten Ausbreitungseigenschaften.**

Hierzu ist die Aussage: Mit dem Stand der Erkenntnis aus den Ergebnis der Messdaten ergibt sich **ein Steigen der Fallzahlen, da der Exponent kontinuierlich steigt. Ein zweites Ansteigen zeigt die Unachtsamkeit gegenüber der unbekannten Ausbreitungseigenschaften.**

Hierzu ist die Aussage: Mit dem Stand der Erkenntnis aus den Ergebnis der Messdaten ergibt sich **ein Absinken der Fallzahlen, da der Exponent kontinuierlich sinkt und stabil bleibt.**

Hierzu ist die Aussage: Mit dem Stand der Erkenntnis aus den Ergebnis der Messdaten ergibt sich **ein Absinken der Fallzahlen, da der Exponent kontinuierlich sinkt und stabil bleibt.**

Hierzu ist die Aussage: Mit dem Stand der Erkenntnis aus den Ergebnis der Messdaten ergibt sich **ein Steigen der Fallzahlen, da der Exponent kontinuierlich steigt. Ein zweites Ansteigen zeigt die Unachtsamkeit gegenüber der unbekannten Ausbreitungseigenschaften.**

Hierzu ist die Aussage: Mit dem Stand der Erkenntnis aus den Ergebnis der Messdaten ergibt sich **ein Gleichstand der Fallzahlen, wenn der Exponent weiterhin unverändert bleibt.**

Hierzu ist die Aussage: Mit dem Stand der Erkenntnis aus den Ergebnis der Messdaten ergibt sich **ein Steigen der Fallzahlen, da der Exponent kontinuierlich steigt. Ein zweites Ansteigen zeigt die Unachtsamkeit gegenüber der unbekannten Ausbreitungseigenschaften.**

6.6   Inzidenz unter probabilistischen Gesichtspunkten

In den meisten Fällen bedeutet die „Inzidenz" die „kumulative Inzidenz". Dies ist ein Maß dafür, wie viele gesunde Menschen einer bestimmten Bevölkerungsgruppe (z. B. alle Einwohner Berlins/Deutschlands/Europas; alle 18- bis 25-jährigen männlichen, nicht rauchenden Australier) innerhalb eines bestimmten Zeitraums an einer bestimmten Krankheit erkranken von Zeit. Personen, die bereits krank waren oder vor diesem Zeitraum wieder krank waren, werden nicht in die Berechnung einbezogen.

$$I = \frac{Anzahl\ neuer\ Fälle\ in\ einer\ Bevölkerung\ über\ einen\ bestimmten\ Zeitraum}{Summe\ aller\ Zeiten\ aller\ erkrankten\ individuen} \qquad (6.8)$$

Beispiel:
121 neue Fälle wurden über 10 Jahre gemeldet, basierend auf einer Bevölkerung von 111.000 gesunden Menschen.

Wie hängt die (kumulative) Inzidenz pro Jahr mit 100.000 Menschen zusammen?

- 121/111.000 → 0,00109009 für 10 Jahre
- Pro Jahr: 0,00109009
- Pro 100.000 Menschen: 109
- Das heißt. Jedes Jahr entstehen 121 neue Fälle pro 100.000.

Die kumulative Inzidenz kann verwendet werden, um die Wahrscheinlichkeit abzuschätzen, dass eine Person aus der betrachteten Personengruppe die Krankheit entwickelt. Die obere Arbeit kann zeigen, dass die Entwicklung einer Inzidenz durch eine probabilistische Sichtweise abgeschlossen werden kann, wenn die Anzahl der Fälle exponentiell zunimmt. Die einsame Exponentialansicht kann auch durch eine Ansicht über eine Dichtefunktion vervollständigt werden, die eine detailliertere Betrachtung bietet, indem die Anzahl der Fälle an einigen Tagen in der Geschichte berücksichtigt wird, die einen Logarithmuswert als Exponentialprognosebasis angeben.

Basierend auf der Entwicklung der Daten, die der Wahrscheinlichkeitsberechnung entsprechen, kann der folgende erwartete Wert für die Inzidenz von einer Woche angenommen werden. Zu diesem Zweck werden alle Werte der Dichtegleichung aus den Parameterwerten Modalwert, Standardabweichung, Schiefe und Kurtosis der Vorwoche für die zukünftige Woche nach folgender Formel bestimmt:

$$Eqb(x; \delta, md, r, k) = \frac{1}{s * \sqrt{\left(2\pi\left(\frac{1-((r)*(x-md))}{k}\right)\right)}} * EXP\left(\left(-\left(\frac{1}{2} * \frac{\left(\frac{x-md}{s}\right)^2}{1-(r*(x-md))}\right)\right) * k\right)\right)$$

(6.9)

Die zu erwartenden Auswirkungen, wenn die Aussage von

Zhongwei Cao1, Xu Liu1, Xiangdan Wen2, Liya Liu3 & Li Zu4,

A regime-switching SIR epidemic model with a ratio-dependent incidence rate and degenerate diffusion

Im SIR-Modell befinden sich Personen in einem von drei Zuständen: S = anfällig, I = infiziert,

R = entfernt (kann nicht infiziert werden).

Hinweis: in der vorliegenden Arbeit wurden ausschließlich Testdaten von nachweislich infizierten Gruppen (I) betrachtet, eine probabilistische Betrachtung für die Gruppen S und R muss daher gesondert und mit den entsprechenden Populationen erfolgen!
Zitat:
„Based on the pioneering research1, mathematical model provides effective control measures for infectious diseases and is an significant tool for analyzing the epidemiological characteristics of infectious diseases. In the course of the spread of disease, the transmission function plays an important role in determining disease dynamics. There are several nonlinear transmission functions proposed by authors. For instance, Capasso and Serio introduced a saturated incidence rate g(I)S into epidemic models, and the infectious force g(I) is a function of an infected individual that is applied in many classical disease models. Liu et al. proposed a general incidence rate:

$$g(I)S = \beta(I)^p S/(1 + pI^q), \, p, q > 0$$

Lahrouz et al. introduced a more generalized incidence rate

$$g(I)S = SI/f(I).$$

In particular, Yuan and Li8 considered a ratio-dependent nonlinear incidence rate in the following.
Form:

$$g(I/S)S = \beta(1/S)^l \, S/(1 + \alpha(IS)^h)$$

where α is a parameter used to measure psychological or inhibitory effects.
Since statistics and probability calculations can possibly have a positive influence on the situation, the suggestion is made that the parameter α should no longer measure psychological or inhibitory effects, but rather serve as the expected probability value, so that at every previous weekly interval (7 days for COVID 19) a probabilistic statement is available as a preview.

6.6.1   Probabilistische Inzidenz Vorschau für Texas

Eine probabilistische Vorschau der Inzidenz (Abb. 6.49) ist kurzfristig möglich, insbesondere dann, wenn die Summe der 7 Tageswerte konstant sind. Da der

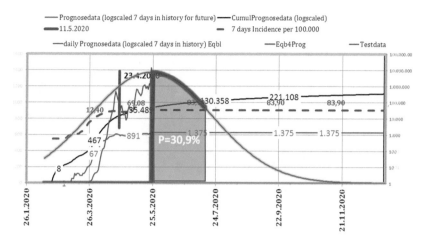

Abb. 6.49 Wahrscheinlichkeit der Inzidenz zwischen 2 Tagesdaten

Verlauf des Infektionsprozesses immer exponentiell verläuft, muss der voran-gegangene Logarithmus des Infektionsprozesses beobachtet werden, denn dieser beeinflusst maßgebend den Exponenten für die Vorausschau. Zur Demonstration dieses Zusammenhangs wir ein Zeitausschnitt des US Staates Texas zwischen dem 25.05. und dem 03.06. betrachtet. Es ist dann mit einer probabilstischen Inzidenz von ca. 30,9 % zu rechnen. Zugrunde gelegt wird die Inzidenzrechnung wie folgt:

$$I = \frac{Anzahl\ neuer\ Fälle\ in\ einer\ Bevölkerung\ innerhalb\ von\ 7\ Tagen}{Summe\ aller\ Bewohner\ eines\ Bundestaates} * 10^5 \qquad (6.10)$$

Durchsickereffekt – Versickerung des Virus

7

Wenn Gruppen von Lebewesen – Menschen sind einer von ihnen – zusammenkommen, werden Partikel gemäß dem Partikelemissionskonzept ausgetauscht. Die Partikel werden über die Infizierten übertragen oder ausgetauscht, die:

- die Haut, die Schleimhaut (Händedruck, Grußkuss, Austausch von Dingen wie Gläsern, Flaschen und dergleichen)
- Atmen (singen, sprechen, schwer atmen
- in enger räumlicher Beziehung zueinander stehen

sodass ein Austausch von Partikeln – je näher die Abstände zueinander sind -

- wird häufiger und intensiver!

7.1 Mögliche Auswirkungen auf das Gesundheitswesen und die epidemiologische Modellierung

7.1.1 Beta-Koeffizient in der nichtlinearen epidemiologischen Modellierung

Eine der wichtigsten möglichen Auswirkungen des hier vorgeschlagenen aktuellen Wahrscheinlichkeitsmodells besteht darin, dass es als Grundlage für korrekte Schätzungen des in der nichtlinearen dynamischen Modellierung verwendeten Beta dienen könnte. Beispielsweise könnte in SIR-Modellen die Normalverteilung für die Fehlerschätzungen durch die Gl. Die Schätzung von Beta ist der

Schlüssel, da die meisten anderen Modelldynamiken von dieser Infektion pro Interaktionswahrscheinlichkeit beeinflusst werden. Daher ist es der ultimative Vorteil der Genauigkeit und Wirksamkeit des gesamten Modells, die korrekteste Schätzung zu erhalten. Realistischere Parameterschätzungen könnten zu einer besseren Modellierung führen, die nicht übermäßig komplex sein müsste, die jedoch bei einem genaueren Krankheitsübertragungskoeffizienten nützlicher wäre. Mit einem weniger genauen Koeffizienten kann sogar die Berücksichtigung von Hunderten von Variablen zu weniger genauen Ergebnissen führen als ein Modell mit weniger Variablen, aber einer genaueren Beta.

Zu diesem Thema wird aufgeführt:

Frank Ball, Tom Britton, Ka Yin Leung & David Sirl, „A stochastic SIR network epidemic model with preventive dropping of edges"

Zitat:

10.2 Konvergenz und Approximation zeitlicher Eigenschaften

Zuerst demonstrieren wir numerisch einige der Grenzwertsätze aus früheren Abschnitten.

zeigt sowohl, wie die Konvergenz realisiert wird, als auch wie diese Grenzwertsätze können

zur Annäherung verwendet werden. Wir geben nur Beispiele mit einer NSW-Graphkonstruktion,

Im MR-Diagrammszenario gelten jedoch fast dieselben Beobachtungen.

In Abb. 1 zeigen wir die Verwendung von Satz 7.2 zur Approximation des Zeitlichen

Entwicklung der Epidemie, Vergleich simulierter Trajektorien der Prävalenz I N (t)

(für N = 1000) gegen die Zeit t des Modells mit Vorhersagen von der funktionalen Zentrale

Grenzwertsatz für eine Poisson- und eine geometrische Gradverteilung. Die oberen Diagramme zeigen die simulierten Trajektorien zusammen mit dem Mittelwert und einem zentralen 95 % Wahrscheinlichkeitsband vom CLT vorhergesagt; sie legen nahe, dass die Annäherung ziemlich gut ist. Je niedriger Diagramme vergleichen den Mittelwert und die Standardabweichung der Prävalenz über die Zeit mit die LLN- und CLT-basierten asymptotischen Vorhersagen.

In Abb. 2 untersuchen wir die Konvergenz der Verteilung von I N (t) zu N → ∞ Grenze zu drei Zeitpunkten st1, t2 und t3. Die Zeiten werden so gewählt, dass t2 nahe an der Zeit liegt

der Spitzenprävalenz und t1 und t3 sind, wenn die Prävalenz zunimmt und abnimmt, jeweils auf einem Niveau, das ungefähr halb so hoch ist wie das der Spitzen-prävalenz. (Effektiv sind wir Untersuchen des Diagramms oben rechts in Abb. 1 zu diesen drei Zeitpunkten im Detail.) In dieser Abbildung Wir haben eine geometri-sche Gradverteilung verwendet, aber es werden sehr ähnliche Schlussfolgerungen gezogen mit verschiedenen Distributionen. Diese Konvergenz wird in weiter unter-sucht/demonstriert Abb. 7.1, in der wir für jeden der gleichen drei Zeitpunkte den Kolmogorov getrennt darstellen Abstand zwischen der empirischen und der asymptotischen Verteilung der Anzahl der Infektiösen gegen die Bevölkerungsgröße N.

In vorangegangener Darstellung wird auf die Demonstration der Näherung der Messwerte von Erhebungen in Häufigkeitsverteilungen zu Poisson- und geo-metrischer Verteilung verwiesen. Die Equibalanceverteilung kann durchaus für derartige Näherungen eine Alternative sein, zumal eine Regressionsanalyse der kleinsten Quadrate zwischen Häufigkeitsverteilung und Equibalancedistribution sehr hohe Bestimmheitsmaße erzielt (Abb. 7.2).

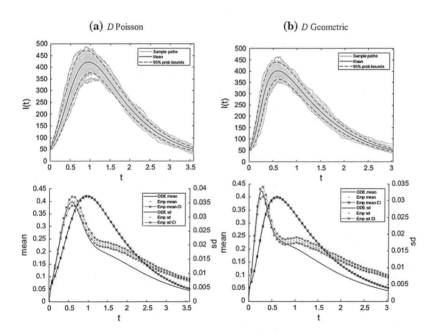

Abb. 7.1   Demonstration der durch Satz 7.2 implizierten Approximation

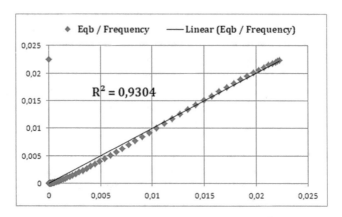

Abb. 7.2 Bestimmtheitsmaß Eqb/Häufigkeit

7.1.2 Personalbedarf im Gesundheitswesen

Zusätzlich zum Modellierungspotential könnten die vorgeschlagene Methode und der Perkolationseffekte im Gesundheitswesen berücksichtigt werden, wo häufige und wiederholte Kontakte zu einer höheren Viruslast pro Person führen könnten, die sich dann im gesamten Gesundheitsumfeld ausbreiten könnte. Angesichts dieser Überlegung könnten Personalrotationen (wenn möglich) dazu beitragen, Lasten und Kontaktpunkte zu verringern. Ein konkretes Beispiel wäre eine Notaufnahme, in der typischerweise eine große Anzahl von Patienten und Mitarbeitern des Gesundheitswesens anwesend ist und in der die Fähigkeit zur Kontrolle von Atemtröpfchen und Aerosolen eine Herausforderung darstellen kann, insbesondere angesichts der Nähe der Einrichtungen. Wenn genügend Personal vorhanden wäre, wäre es denkbar, dass das Personal gedreht wird, um in verschiedenen Bereichen mit unterschiedlichen Patienten in Schichten zu arbeiten, die die Exposition begrenzen und die Viruslast verringern würden. Dies mag in vielen Situationen unpraktisch sein, aber das Konzept ist es wert, wenn möglich untersucht zu werden. Vielleicht wäre ein anderer Ansatz die Verwendung von Triage-Krankenhäusern unter freiem Himmel wie den Feldkrankenhäusern, die in den USA an vielen Standorten eingerichtet wurden. Eine Vergrößerung des Raums könnte eine verringerte Viruslast ermöglichen, vorausgesetzt, dass die Belüftung und der Abstand pro Patient größer sind (es sei denn, Kontakt ist unbedingt erforderlich), und der Perkolationseffekt kann verringert werden.der

Einsatz der Wahrscheinlichkeitsrechnung in Verbindung des frühzeitigen Erken-
nens der Steigerung der Infektionsrate über die Ermittlung des Exponenten aus
dem Logarithmus der vorangegangenen Testdaten soll helfen:

• die Evolution frühzeitig durch geeignete Maßnahmen zu dämpfen,
• die SIR – Modellierung dadurch zu präzisieren, dass eine erwartete symmetrische Verteilung um einen Mittelwert durch eine asymmetrische ersetzt wird,
  die auf extreme Entwicklungen hinweist
• und dadurch die Perkolation weitgehend verhindert wird.

7.2   Zur Perkolationstheorie COVID

7.2.1   Eine grundlegende Überlegung, das Versickern von Schimmelpilzen

Eine Handlung aus der natürlichen Umgebung eines Haushalts sollte einen ersten Einblick in die Versickerung – das Auslaufen – von Infektionen in einer
Bevölkerung geben:

In einem Korb befindet sich eine Sammlung frisch gesammelter, feuchter
Walnüsse. Sie werden auf einem zu zählenden Tisch ausgebreitet (Abb. 7.3).

Zum Zeitpunkt des Zählens sind sie nahe beieinander und schimmeln, wenn
sie nicht getrennt werden (Abb. 7.4).

Abb. 7.3 Eine Sammlung
von Walnüssen

Abb. 7.4 Eine Sammlung von Walnüssen liegt dicht beieinander

Die Walnüsse sind alle getrennt, um Schimmelbildung zu verhindern (Abb. 7.5).

Die Grundlage für eine Betrachtung der Verteilung liegt in der Gruppenbildung von Elementen, in diesem Fall Walnüssen, die hier in 4 Gruppen gezeigt werden (Abb. 7.6), von denen jede mit einem Element einer anderen Gruppe in

Abb. 7.5 Eine Sammlung
von Walnüssen liegt in
einem Abstand voneinander

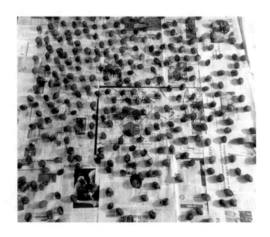

Abb. 7.6 Gruppen in
Kontakt, nicht in Kontakt

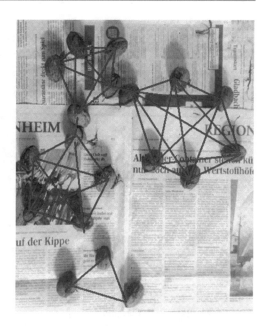

Kontakt kommt und auch mit jedem innerhalb der Gruppe in Kontakt steht. Eine
Gruppe hat keinen Kontakt zu einer anderen. Die Schimmelpilzinfektion breitet
sich innerhalb der Gruppe aus und wird auf eine andere Gruppe übertragen.

Wenn sich Gruppen in unmittelbarer Nähe versammeln, kann sich das Schim-
melwachstum über die gesamte Bevölkerung ausbreiten, da jedes Element einer
Gruppe mit vielen Elementen in anderen Gruppen in Kontakt steht (Abb. 7.7).

7.2.2 Berücksichtigung der Vius-Versickerung in menschlichen Populationen

Was hat Schimmelpilzwachstum auf Walnüssen – im Prinzip – mit einer Infektion
gemeinsam, was ist der Unterschied zwischen ihnen?

- Eine Walnuss hat eine einzige Oberfläche, die Schale, die die Nussfrucht
  umgibt und schützt.
- Ein Lebewesen wie ein Mensch (oder ein anderes Lebewesen) hat eine
  Oberfläche, die kontinuierlich von außen nach innen verläuft

Abb. 7.7 Viele Gruppen in Kontakt

- die innere Oberfläche
- und den Organismus im Inneren über Schleimhäute schützen soll.

In dieser Hinsicht sind Menschen aufgrund ihrer großen Oberfläche und Innenfläche, die Schadstoffe – Viren – enthalten können, auch Belastungen durch die Luft ausgesetzt, die sie atmen.

Perkolationstheorien wurden in verschiedenen theoretischen Abhandlungen vorgestellt.

Der mathematische Ausdruck wird wie folgt beschrieben:

https://de.wikipedia.org/wiki/Perkolation:

- „Percolation theory, a mathematical model of cluster formation in grids"

oder der Anwendung „Versickerung des COVID-19-Systems" unterliegt der Infektionsprozess Bedingungen und Parametern in einer Modellberechnung, die wie folgt benannt sind::

7.2.3   Bedingungen für eine COVID-Modellberechnung

7.2.3.1 Anfänglicher Cluster/Cluster – Grid

Bedingungen: In einem Kern, der bis zu n Elemente (infiziert) enthalten kann, bilden sich unabhängig voneinander mehrere Anfangscluster. Ein Cluster wird durch die Anzahl der Kanten definiert, die durch die Definition im Wortlaut angegeben werden:

„Jedes 1 Element (Teilnehmer einer anfänglichen Gruppe) teilt eine Infektion mit allen anderen Teilnehmern zu einem anfänglichen Zeitpunkt ohne Kontakt zu einer anderen Gruppe".

Eine Anzahl von Anfangsclustern bildet ein Nachfolgeclustergitter.

7.2.3.2   Follower-Cluster/Follower-Cluster-Raster, der erste Perkolationseffekt

Bedingungen: Eine Reihe von aufeinanderfolgenden Clustern bilden ein voneinander abhängiges Gitter, das bis zu n Kontaktelemente (infiziert) aufweisen kann. Ein Sequenzclustergitter wird durch die Anzahl der Kanten definiert, die durch die Definition im Wortlaut gegeben sind:

„Mindestens 2 Elemente (Teilnehmer aus nachfolgenden Clustern) teilen eine Infektion mit allen anderen Teilnehmern zu einem späteren Zeitpunkt mit Kontakt zu einer anderen Gruppe."

Beispiele für die anfänglichen Cluster sind wie folgt gezeigt (Abb. 7.8):

Die folgende Formel gilt für die Gruppen für die Anzahl der Mindestanzahl von Partikelübertragungen, wie oben angegeben.

- $A_{E,2} = (n_E * (n_E - 1))/2$ Formel 4.7

Dies führt zu der folgenden Übertragungsrate für die Gruppen mit den anfänglichen Perkolationseffekten $A_{E,i}$ für $i = Anzahl der Personen$ innerhalb der Gruppe:

a) $A_{E,3} = (3 * 3 - 1)/2 = 3, = >3$ Personen kontaktieren mindestens 3 Mal $= 3/3 = 100\ \%$
b) $A_{E,4} = (4 * 4 - 1)/2 = 6, = >4$ Personen kontaktieren mindestens 6 Mal $= 6/4 = 150\ \%$
c) $A_{E,5} = (5 * 5 - 1)/2 = 10, = >5$ Personen kontaktieren mindestens 10 Mal $= 10/5 = 200\ \%$

Abb. 7.8   Unabhängige Gruppen von a 3, b 4, c 5, d 6 Individuen, Beispiele für Anfangscluster

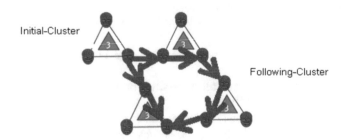

Abb. 7.9　Ein beginnender Perkolationscluster

d) $A_{E,6} = (6 * 6 - 1)/2 = 15, = >6$ Personen kontaktieren mindestens 15 Mal
   $= 15/6 = 250\ \%$

Der Perkolationseffekt setzt ein, wenn Folgendes auftritt:

- Der erste Perkolationseffekt erfolgt in einer Initialgruppe
- Jede Follow-up-Gruppe einer Initial-Gruppe kontaktiert sich wiederholt.
- Folgende Cluster bilden Gitter (Abb. 7.9)

7.2.3.3 Beginn der Versickerung durch Atmen (Singen, Sprechen, schweres Atmen)

Dies führt zu folgender Beobachtung:

- Viele Personen erhalten ein Vielfaches der ursprünglichen Übertragungsrate.
- Während des Beobachtungszeitraums vermehren sich die Viren entsprechend den bereitgestellten Organen.

Sobald die Perkolationsgrenze erreicht ist, ändert sich die Transferstruktur in

- ein chaotisches System, das in seiner Struktur nicht mehr erkennbar ist.

Die Perkolationsgrenze ist erreicht, wenn zumindest – zunächst unabhängige Gruppen – zusammenkommen.
　　Die Entwicklung des Systems ist nicht mehr nachvollziehbar und daher chaotisch (Abb. 7.10).

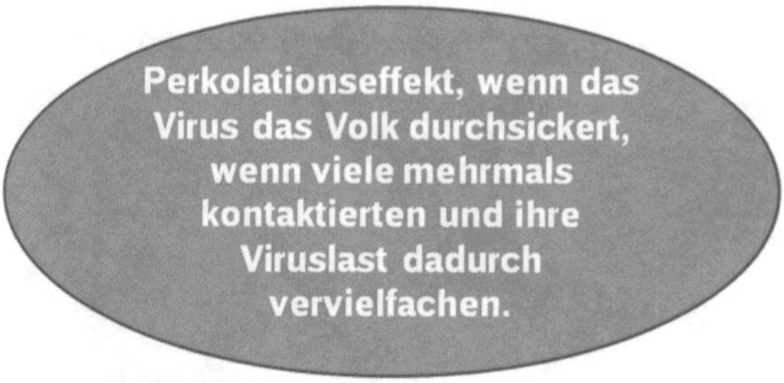

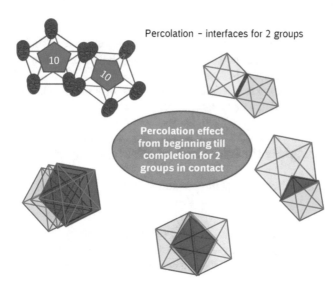

Abb. 7.10   Perkolationseffekt

7.3   Prinzipien der Perkolations-Grenzflächeneffekte

Das Prinzip der Versickerung von Infektionen von Gruppen entwickelt sich aus der Überlagerung der Gitter nach dem obigen Muster (Abb. 7.11). Die Kontakt-

Percolation – interfaces for 2 groups

Leakage effect - percolation of the virus

Fig. 7.11   Percolation interfaces

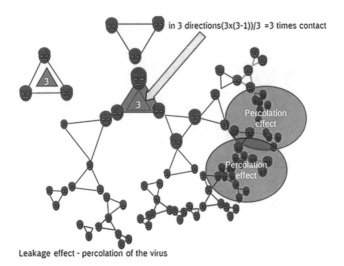

Abb. 7.12 Perkolationseffekt in 3 Richtungen (3x (3–1))/2 = 3-facher Kontakt

punkte aus den Gittern summieren sich über die gemeinsamen Schnittstellen bis nach einer Periode vollständig – bei Infektionen. Bei einer großen Anzahl von Gruppen, die miteinander in Kontakt kommen (Abb. 7.12, 7.13, 7.14 und 7.15), ist die Rückverfolgbarkeit des Infektionsprozesses nicht mehr nachvollziehbar, da das einzelne Individuum mehrmals infiziert ist.

7.4　Beispiele für Perkolationseffekte, Clustering

Table of Initial-Cluster without percolation effect

Initial-Cluster/Following-Cluster mit Perkolationseffekt
Wie in der Tabelle unter 7.16 gezeigt, reicht eine Exponentialberechnung nicht aus, um die erwartete Anzahl von Fällen zu bestimmen – sie erscheint je nach Fall eher hyperexponentiell

- die Art und Weise, wie die anfänglichen Cluster und nachfolgenden Cluster entwickelt werden

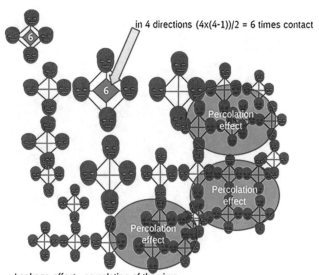

Abb. 7.13 Perkolationseffekt in 4 Richtungen (4x (4–1))/2 = 6-facher Kontakt

- die Anzahl der Personen, die sie beschäftigt sind
- die Anzahl aller Cluster, die zusammenarbeiten – in einem Raster.

Infolgedessen ist eine rechnerische Vorhersage nur möglich, wenn eine Gitterbildung vermieden wird, andernfalls kann eine Vorhersage nur auf probabilistische Weise erstellt werden.

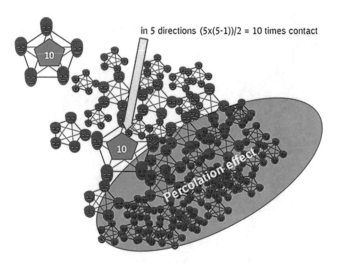

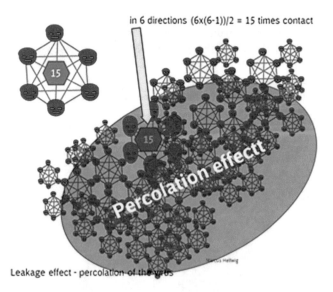

Abb. 7.14 Leckageeffekt in 5 Richtungen (5x (5–1))/2 = 10-facher Kontakt

Abb. 7.15 Perkolationseffekt in 6 Richtungen (6x (6–1))/2 = 15-facher Kontakt

Number of persons		Number of the day 1	Number of the day 2	Number of the day 3	Number of the day 4	Total cases in 4 days
		contacts when a number of people meet	contacts when a number of people meet	contacts when a number of people meet	contacts when a number of people meet	
0		0	0	0	0	0
1		0	0	0	0	0
2		1	0	0	0	1
3		3	3	3	3	12
4		6	15	105	5.460	5.586
5		10	45	990	489.555	490.600
6		15	105	5.460	14.903.070	14.908.650
7		21	210	21.945	240.780.540	240.802.716
8		28	378	71.253	2.538.459.378	2.538.531.037
9		36	630	198.135	19.628.640.045	19.628.838.846
10		45	990	489.555	119.831.804.235	119.832.294.825
11		55	1.485	1.101.870	607.058.197.515	607.059.300.925
12		66	2.145	2.299.440	2.643.711.007.080	2.643.713.308.731
13		78	3.003	4.507.503	10.158.789.393.753	10.158.793.904.337
14		91	4.095	8.382.465	35.132.855.546.880	35.132.863.933.537
15		105	5.460	14.903.070	111.050.740.260.915	111.050.755.169.550
16		120	7.140	25.486.230	324.773.947.063.335	324.773.972.556.825
17		136	9.180	42.131.610	887.536.259.530.245	887.536.301.671.171

Abb. 7.16 Table of Leakage effects up to 17 persons

7.5 Die Folgen des Perkolationseffekts, Deutschland

Die Folgen des Perkolationseffekts entwickeln sich chaotisch in einem System, das nicht mehr nachvollziehbar ist.

Bis Mai 2020 war der Exponent einer Entwicklung unter Verwendung des Logarithmus der letzten 7 Tage auf die Häufigkeitsverteilung des exponentiellen Infektionsprozesses in Deutschland übertragbar (Abb. 7.17, 7.18, 7.19, 7.20, 7.21, 7.22 und 7.23).

Deutschland hatte im Vergleich zu anderen Ländern – offensichtlich – einen kontrollierten, abnehmenden Verlauf des Infektionsprozesses.

Selbst ein spontaner Anstieg über einen kurzen Zeitraum hatte zunächst keinen großen Einfluss auf den Gesamtverlauf, aber die Beobachtungen der logarithmischen 7-Tage-Entwicklung hatten gezeigt, dass die Perkolation einen Anfang hat.

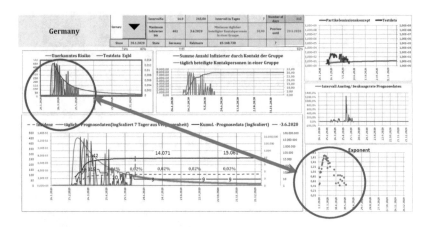

Abb. 7.17 Deutschland Mai-2020, Testdaten, tägliche Infektionsrate, Exponent der exponentiellen Infektion

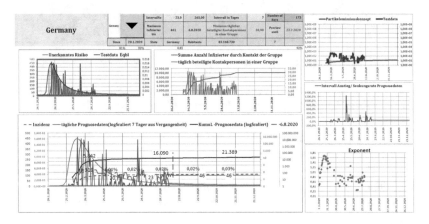

Abb. 7.18 Deutschland August-2020, Testdaten, tägliche Infektionsrate, Exponent der exponentiellen Infektion

Spätestens im Oktober stellte sich heraus, dass der Infektionsprozess nicht mehr nachvollziehbar war, die Versickerung die Rückverfolgbarkeit verhinderte. Es ist daher absehbar, dass der Infektionsprozess nicht vor Mitte 2021 endet.

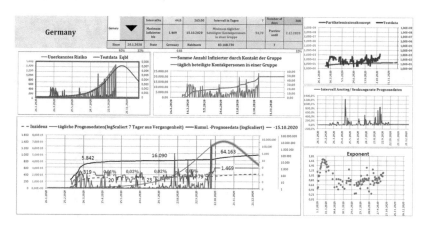

Abb. 7.19 Deutschland Oktober-2020, Testdaten, tägliche Infektionsrate, Exponent der exponentiellen Infektion

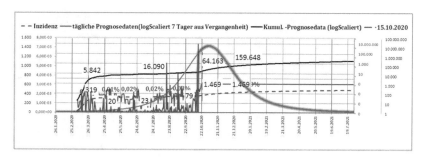

Abb. 7.20 Deutschland Oktober-2020, Testdaten, tägliche Infektionsrate, Exponent der exponentiellen Infektion

Die Datenbestände aus den Testdaten der Bundesländer (Abb. 7.22 und 7.23) geben Aufschluss darüber, welche Bevölkerung von denen sich am konsequentesten an die Hygieneregeln gehalten haben und mit welchem Zeitintervall zu rechnen ist, bis das Infektionsgeschehen zu Ende geht.

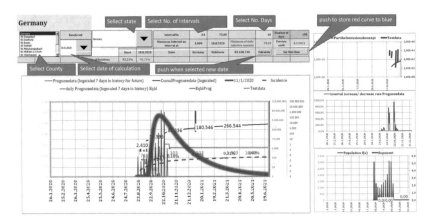

Abb. 7.21 Deutschland November -2020, Testdaten, tägliche Infektionsrate, Exponent der exponentiellen Infektion aus dem System des Autors

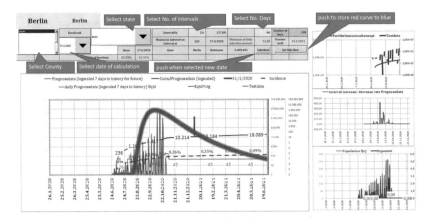

Abb. 7.22 Berlin November -2020, Testdaten, tägliche Infektionsrate, Exponent der exponentiellen Infektion aus dem System des Autors

7.6   Zusammenfassung

In den vorhergehenden Kapiteln wird möglicherweise erläutert, dass Infektionsprozesse mithilfe der bekannten Methoden aus Statistik, Stochastik und

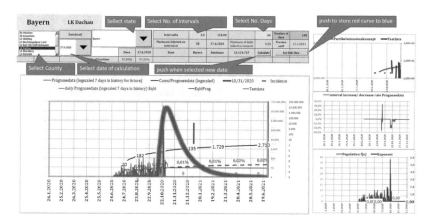

Abb. 7.23   Bayern Landkreis Dachau November -2020, Testdaten, tägliche Infektionsrate, Exponent der exponentiellen Infektion aus dem System des Autors

Wahrscheinlichkeitstheorie systematisch analysiert werden können. Der Fall einer biologischen Infektion wurde in der vorliegenden Studie berücksichtigt. Der gleiche Weg kann auf andere Bereiche angewendet werden, dies bedeutet jeden Infektionsprozess, einschließlich des digitalen. Die in allen Bereichen gleichermaßen zu berücksichtigende Angelegenheit ist die frühestmögliche Erkennung eines „Angriffs" auf den zu schützenden Organismus, sei es eine biologische, digitale oder organisatorische Struktur, jeglicher Art, deren Häufigkeit zu Beginn rasch zunehmen kann, wenn dies nicht möglich ist früh und mäßig erkannt oder sogar verhindert werden. Infektionsrisiken bleiben aktiv, solange sie beschrieben, beobachtet und gemessen werden, solange sie nicht erkannt werden und ohne Widerstand. Die Grafiken zeigen die multiexponentielle Multiplikation, bei der sich diese entwickeln und wieder aufflammen, wenn die Emissionspfade nicht durchgehend unterbrochen werden.Die Modellierung eines Infektionsgeschehens mittels den mit S.I.R. beschriebenen Methoden kann dadurch gewinnen, dass die in der Equibalancedistribution berücksichtigten Parameter für Schiefe und Kurtosis die tatsächliche Schiefe und Steilheit einer exponentiellen Ausprägung der Häufigkeitsverteilung eine gute Annäherung an den asymmetrischen Verlauf über die Zeit berücksichtigen.

Literatur

Bundesregierung Deutschland und Robert-Koch-Institut, data base: www.statista.com,
   Zhongwei Cao1, Xu Liu1, Xiangdan Wen2, Liya Liu3 & Li Zu4ations of the Federal,
   „A regime-switching SIR epidemic model with a ratio-dependent incidence rate and
   degenerate diffusion"
   https://www.rki.de/DE/Content/InfAZ/N/Neuartiges_Coronavirus/Situationsberichte/2020-
   07-29-de.pdf?__blob=publicationFile
Frank Ball, Tom Britton, Ka Yin Leung & David Sirl, Journal of Mathematical Biology volume
   78, pages1875–1951(2019), A stochastic SIR network epidemic model with preventive
   dropping of edges

Erratum zu: Grenzen der symmetrischen Varianz

Erratum zu:
Kapitel 6 in: M. Hellwig, *Partikelemissionskonzept und probabilistische Betrachtung der Entwicklung von Infektionen in Systemen,* **https://doi.org/10.1007/978-3-658-33157-3_6**

Ein bedauerlicher Fehler im Verlag hat dazu geführt, dass die Inhalte in Kapitel 6 neu gesetzt wurden. Der Verlag hat dies nachträglich korrigiert.

Die korrigierte Version des Kapitels ist verfügbar unter
https://doi.org/10.1007/978-3-658-33157-3_6

Printed in the United States
by Baker & Taylor Publisher Services